こんにちは！ELEMENT GIRLS です！！

　みんなの身の周りにあるものは、すべて私達「元素」から成り立っているんだ。そして私達は、理科・化学の学習にとってすごく重要な存在なんだよね。

　この本は、118 の元素を可愛い女の子に擬人化したグラフィカルな元素事典だよ。私達は、元素の性質や利用法、命名者などを基に擬人化されているんだ。例えば、原子番号 90 番のトリウム（Th）は、北欧神話に登場する雷神トールをイメージしているよ。こんな風に、グラフィカルに元素を関連付けることで、きっと元素の名前や性質などを楽しく覚えることができると思うよ。

　私達の解説ページでは、原子量や融点・沸点などの基本データや元素名の由来、発見者などの内容に加えて、各元素の発見エピソードや化学的性質、最新の用途例などを詳しく紹介しているよ。ちょっと難しく解説してるけど、私達の可愛いイラストと一緒に、電子構造図や利用例もビジュアル化してるから、楽しく読んでもらえると嬉しいな！

　元素をこれから学ぶ人も学習中の人も、この本が私達のことを知る手助けになってくれることを、心から願ってま〜す。

ELEMENT GIRLS　元素娘 一同

Element Girls

CONTENTS

そもそも元素周期って何？	2	
こんにちは! ELEMENT GIRLS です!!	3	
本書の見方	6	

元素の基本知識と111元素の仕組み

元素の基本知識を覚えよう　8

1	水素 (H)	10	26	鉄 (Fe)	60
2	ヘリウム (He)	12	27	コバルト (Co)	62
3	リチウム (Li)	14	28	ニッケル (Ni)	64
4	ベリリウム (Be)	16	29	銅 (Cu)	66
5	ホウ素 (B)	18	30	亜鉛 (Zn)	68
6	炭素 (C)	20	31	ガリウム (Ga)	70
7	窒素 (N)	22	32	ゲルマニウム (Ge)	72
8	酸素 (O)	24	33	ヒ素 (As)	74
9	フッ素 (F)	26	34	セレン (Se)	76
10	ネオン (Ne)	28	35	臭素 (Br)	78
11	ナトリウム (Na)	30	36	クリプトン (Kr)	80
12	マグネシウム (Mg)	32	37	ルビジウム (Rb)	82
13	アルミニウム (Al)	34	38	ストロンチウム (Sr)	84
14	ケイ素 (Si)	36	39	イットリウム (Y)	86
15	リン (P)	38	40	ジルコニウム (Zr)	88
16	硫黄 (S)	40	41	ニオブ (Nb)	90
17	塩素 (Cl)	42	42	モリブデン (Mo)	92
18	アルゴン (Ar)	44	43	テクネチウム (Tc)	94
19	カリウム (K)	46	44	ルテニウム (Ru)	96
20	カルシウム (Ca)	48	45	ロジウム (Rh)	98
21	スカンジウム (Sc)	50	46	パラジウム (Pd)	100
22	チタン (Ti)	52	47	銀 (Ag)	102
23	バナジウム (V)	54	48	カドミウム (Cd)	104
24	クロム (Cr)	56	49	インジウム (In)	106
25	マンガン (Mn)	58	50	スズ (Sn)	108
			51	アンチモン (Sb)	110
			52	テルル (Te)	112
			53	ヨウ素 (I)	114
			54	キセノン (Xe)	116
			55	セシウム (Cs)	118
			56	バリウム (Ba)	120

57	ランタン (La)	122
58	セリウム (Ce)	124
59	プラセオジム (Pr)	126
60	ネオジム (Nd)	128
61	プロメチウム (Pm)	130
62	サマリウム (Sm)	132
63	ユウロピウム (Eu)	134
64	ガドリニウム (Gd)	136
65	テルビウム (Tb)	138
66	ジスプロシウム (Dy)	140
67	ホルミウム (Ho)	142
68	エルビウム (Er)	144
69	ツリウム (Tm)	146
70	イッテルビウム (Yb)	148
71	ルテチウム (Lu)	150
72	ハフニウム (Hf)	152
73	タンタル (Ta)	154
74	タングステン (W)	156
75	レニウム (Re)	158
76	オスミウム (Os)	160
77	イリジウム (Ir)	162
78	白金 (Pt)	164
79	金 (Au)	166
80	水銀 (Hg)	168
81	タリウム (Tl)	170
82	鉛 (Pb)	172
83	ビスマス (Bi)	174
84	ポロニウム (Po)	176
85	アスタチン (At)	178
86	ラドン (Rn)	180
87	フランシウム (Fr)	182
88	ラジウム (Ra)	184
89	アクチニウム (Ac)	186

90	トリウム (Th)	187
91	プロトアクチニウム (Pa)	188
92	ウラン (U)	189
93	ネプツニウム (Np)	190
94	プルトニウム (Pu)	191
95	アメリシウム (Am)	192
96	キュリウム (Cm)	193
97	バークリウム (Bk)	194
98	カリホルニウム (Cf)	195
99	アインスタイニウム (Es)	196
100	フェルミウム (Fm)	197
101	メンデレビウム (Md)	198
102	ノーベリウム (No)	199
103	ローレンシウム (Lr)	200
104	ラザホージウム (Rf)	201
105	ドブニウム (Db)	202
106	シーボーギウム (Sg)	203
107	ボーリウム (Bh)	204
108	ハッシウム (Hs)	205
109	マイトネリウム (Mt)	206
110	ダームスタチウム (Ds)	207
111	レントゲニウム (Rg)	208

名前が決まっていない元素たち

112	ウンウンビウム (Uub)	210
113	ウンウントリウム (Uut)	210
114	ウンウンクアジウム (Uuq)	211
115	ウンウンペンチウム (Uup)	211
116	ウンウンヘキシウム (Uuh)	212
117	ウンウンセプチウム (Uus)	212
118	ウンウンオクチウム (Uuo)	212

用語集	213
事項索引	220

Element Girls

🔬 本書の見方 🔬

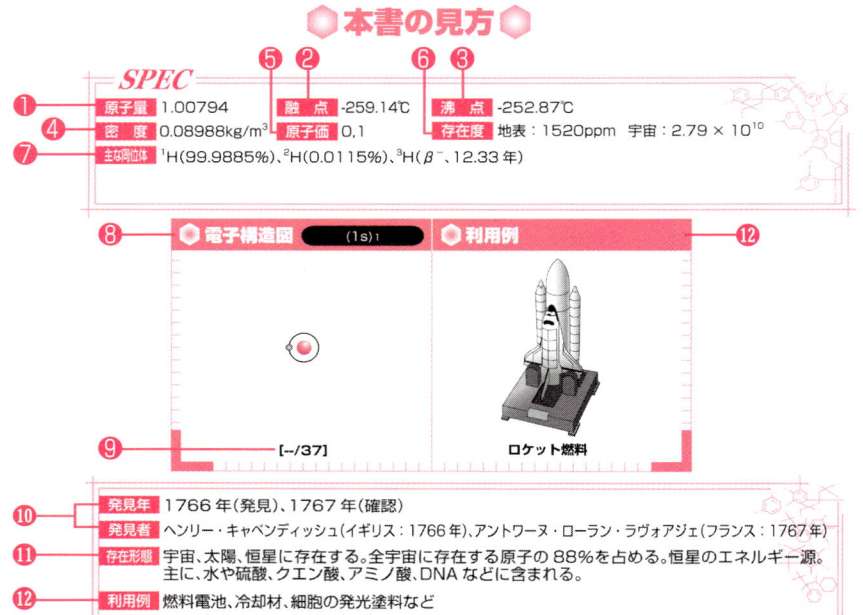

- ❶ 原子量……炭素12（^{12}C）1molあたりの質量を12とした場合の相対比。なお、安定同位体がなく原子量の与えられていない放射性元素では、確認されている同位体の質量を［ ］で示した。
- ❷ 融点……固体が融解し、液体化する温度のこと。
- ❸ 沸点……液体が蒸発し、気体化する温度のこと。
- ❹ 密度……体積あたりの質量。
- ❺ 原子価……用語集参照。
- ❻ 存在度……地表：地表に存在する元素の割合。宇宙：宇宙に存在する元素の割合。シリカ（ケイ素の酸化物）が宇宙に10^6(100万)個あるとしたときの相対で表した。
- ❼ 主な同位体……同位体に関しては用語集参照。カッコ内は存在率、放射性に関しては半減期（放射性核種や素粒子が崩壊して別の核種あるいは素粒子に変わるときに、崩壊する半分の期間）、崩壊様式を示した。

※原子番号と質量数ともに同じで、エネルギー準位が異なるような二つの核種（核異性体）は、質量数のあとにmを付けて区別した。同位体の崩壊様式の略号は、EC：電子捕獲、β：ベータ崩壊、α：アルファ崩壊、IT：核異性体転移、SF：自発核分裂を表す。また、「EC＋β$^+$」と表記してあるものは、これ以上壊変がないことを示す。詳しくはP9参照。

- ❽ 電子構造図……原子核を取り巻く電子の配置を表す。詳しくはP8～9参照。

※本書の電子構造図は、空間に立体的に配置されている電子状態を平面に表しているため、本来の電子構造図とはイメージが異なる。

- ❾ 原子半径／共有結合半径……分子、結晶内などに存在するそれぞれの原子を剛体球とみなした場合の半径のこと。数値の単位はnm（単位についてはP9参照）、カッコ内は推定値を表した。
- ❿ 発見年・発見者……元素の発見と単離・分離の年号、人物。最も一般的な説を記したが、異説のあるものも多い。
- ⓫ 存在形態……元素がどのような状態で存在しているかを示した。
- ⓬ 利用例……元素がどのように身の周りで利用されているかを示した。イラストはその一例。

各元素のデータは基本的に、国際純正応用化学連合(IUPAC)、『改訂5版 化学便覧 基礎編(丸善(株)出版事業部)』、『元素の百科事典(丸善(株)出版事業部)』に準ずる。

元素の基本知識と111元素の仕組み

ここでは、元素の基本知識と、第1番元素から第111番元素までを解説します。発見時のエピソードや各元素の性質、利用例まで、詳しく紹介していきます。

Element Girls

元素の基本知識を覚えよう

ここでは、元素の基本的な概念から原子記号や電子構造の表し方など、本書を読み進める前に押さえておきたい元素の基本知識について解説する。

◎元素と原子の違い

　私達の身の周りにあるもの、そして私達自身はいろいろな元素の組み合わせによって成り立っている。といっても元素に形があるわけではなく、元素は物質の根源を示す概念である。そして、元素の実体となるものが原子である。

　物質は、物質そのものの性質を持つ最小の粒子である分子から成り立っており、その分子を細かく見ると、物質の構成単位である原子に到達する。その原子は、正の電荷を帯びた原子核と、負の電荷を帯びた電子から構成され、原子核は、正の電荷を帯びた陽子と、電荷を持たない中性子によって構成されている。

　電子、陽子、中性子からなる原子は、存在する電子の数と陽子の数が等しく、それらの数は**原子番号**で表すことができる。また、陽子と中性子の数を足したものは**質量数**と呼ばれる。例えば、**原子番号** 17 番の塩素には、電子が 17 個、陽子が 17 個存在する。そして中性子が 18 個の場合、**質量数**は 35 であり、元素記号の表記は以下のように表す。

例

$$^{35}_{17}\text{Cl}$$

- 質量数＝陽子数＋中性子数
- → 陽子数（17）、中性子数（18）、電子数（17）
- 原子番号＝陽子数＝電子数

◎原子の構造と電子軌道

　原子の中心には、原子核があり、電子は原子核の周りを規則正しく回っている。この電子が回る位置と、それぞれの位置に入る電子の数は決まっており、この位置を**電子殻**という。**電子殻**は、内側からK殻、L殻、M殻……という名前があり、それぞれ電子が入る最大の数が 2 個、8 個、18 個……と定まっている。この電子のうち、一番外側の電子殻にある電子を**価電子**という。この**価電子**の数が、元素の化学的性質を担っているのである。

　また。**電子殻**は**電子軌道**という軌道に分かれている。K殻には 1 s 軌道、L殻には 2 s 軌道、2 p 軌道……と、外側の殻になるにつれて軌道の数は増える。ナトリウムの**価電子**が位置する**電子軌道**の場合、本書では「(3 s)1」と表している。これは一番外側の**電子殻**にある 3 s 軌道に、電子が 1 個入っている状態を表したものである。本書におけるナトリウムの電子構造を表す「[Ne](3 s)1」とは、ネオンの電子構造（K殻の 1 s 軌道、L殻の 2 s 軌道、2 p 軌道すべてに電子が詰まっている状態）に 3 s 軌道上の電子が 1 個ある状態を意味する。

◆電子構造と電子軌道の表し方
　例：ナトリウム

[Ne](3 s)$_1$

ネオンの電子構造＋電子が
3s 軌道に 1 個入っている（価電子は 1 個）

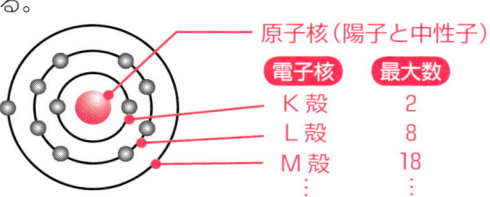

電子核	最大数
K殻	2
L殻	8
M殻	18
⋮	⋮

原子核（陽子と中性子）

電子殻	K	L		M			N*				O*					P*						Q*
軌道の名称	1s	2s	2p	3s	3p	3d	4s	4p	4d	4f	5s	5p	5d	5f	5g	6s	6p	6d	6f	6g	6h	7s
最大電子数	2	2	6	2	6	10	2	6	10	14	2	6	10	14	18	2	6	10	14	18	22	2
殻の最大電子数	2	8		18			32				50					72						
軌道が埋まったときの電子数*	2	10		28			50				100					172						

＊ 電子軌道は特に N 殻以降の外側では順番には埋まらない

🔶 同位体の崩壊様式

　元素にはいくつかの同位体が存在するが、その中には不安定で時間とともに崩壊する放射性同位体がある。本書の見方（P6）で記した崩壊様式は、放射性同位体の崩壊する種類を示したもので、主に以下の種類がある。

- **アルファ崩壊（α）**… ある原子核がアルファ粒子（陽子2個、中性子2個）を放出し、原子番号と中性子数が2個減ることをいう。

- **ベータ崩壊（β）**… 電子と反電子ニュートリノ（素粒子の一種）を放出する$β^-$崩壊、陽電子と電子ニュートリノを放出する$β^+$崩壊、軌道電子を原子核に取り込み電子ニュートリノを放出する電子捕獲（EC）などがある。

- **核異性体転移（IT）**… 原子番号と質量数が同じで、エネルギー準位が異なるような2つの核種を核異性体といい、エネルギー準位が高い核異性体が、より安定な核異性体に変化することをいう。

- **自発核分裂（SF）**… 核分裂反応のうち、自由な中性子の照射を受けることなく起きる核分裂を指す。

🔶 単位を覚えよう

元素は物質を構成するものであるため、非常に小さな単位を扱うことが多い。以下の単位は、本書で扱う主な単位である。

- **mol（モル）**…0.012キログラム（12グラム）の炭素12の中に存在する原子の数と等しい構成要素を含む系の物質量。
- **ppm（パーツ・パー・ミリオン）**…100万分のいくつであるかという割合を示す単位で、主に濃度を表すために用いられる。1ppmであれば、100万分の1となる。同様の単位に、ppc（パーセント、100分の1）、ppb（パーツ・パー・ビリオン、10億分の1）、ppt（パーツ・パー・トリリオン、1兆分の1）などがある。
- **μ（マイクロ）**… 基礎となる単位の100万分の1の量であることを示す。
- **n（ナノ）**… 基礎となる単位の10億分の1の量であることを示す。
- **p（ピコ）**… 基礎となる単位の1兆分の1の量であることを示す。

Element Girls

① H 水素 Hydrogen

水の源！一番軽くて小さな妖精さん

元素名の由来　ギリシャ語の「hydro(水)」と「genes(源)」に由来する

「ふわふわ動き回るのが大好き！」

★ TRIVIA ★
水素と酸素を反応させて電気エネルギーを放出させる燃料電池は、環境にやさしいエネルギーとして、近年注目を浴びている。

SPEC

原子量	1.00794	融点	-259.14℃	沸点	-252.87℃
密度	0.08988kg/m³	原子価	0, 1	存在度	地表：1520ppm　宇宙：2.79×10^{10}
主な同位体	^1H(99.9885%)、^2H(0.0115%)、^3H(β^-、12.33年)				

illustration by 睦原一樹

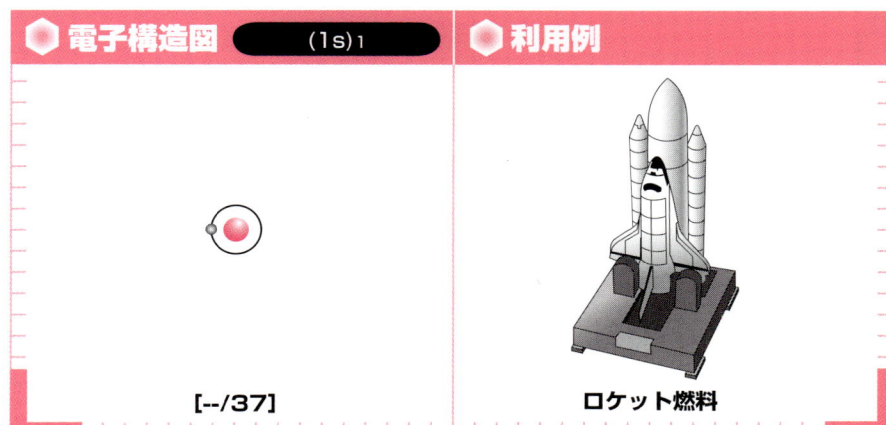

| 電子構造図 | (1s)1 | 利用例 |

[--/37]

ロケット燃料

発見年	1766年（発見）、1767年（確認）
発見者	ヘンリー・キャベンディッシュ（イギリス：1766年）、アントワーヌ・ローラン・ラヴォアジェ（フランス：1767年）
存在形態	宇宙、太陽、恒星に存在する。全宇宙に存在する原子の88％を占める。恒星のエネルギー源。主に、水や硫酸、クエン酸、アミノ酸、DNAなどに含まれる。
利用例	燃料電池、冷却材、細胞の発光塗料など

基本的な元素

水素は、陽子1個と電子1個という最も簡単な構造からなる元素である。また、宇宙において最も多く存在する元素であり、地球上では、酸素との化合物である水（H_2O）として多く存在する。

水素が発見された当時、燃焼とは**フロギストン**という物質の放出であると考えられていた。水素の発見者キャベンディッシュもこの解明に取り組み、酸で鉄を溶かしたときに発生する「燃える気体（水素ガス）」に注目した。しかし、フランスの化学者アントワーヌ・ローラン・ラヴォアジェによって**フロギストン**説が否定されるまで、水素は元素として認識されていなかったのである。その後、キャベンディッシュは、その物質と酸素の燃焼によって水が生成されることを証明した。さらに、ラヴォアジェが「水素」と命名したことにより、水素は元素のひとつとして認められた。

水素の同位体

水素（^1H）は、元素の中で唯一中性子を持たない元素だが、中性子を持つ重水素（^2H）やトリチウム（^3H）などの同位体＊が存在する。現在、水素の同位体は7種類あり、水素（^1H）に比べ、重水素は質量数が2倍、トリチウムは3倍……と重さに大きな差があるため、化学的性質にも影響が出てくる。この重さの違いによって、化学反応速度などが変化することを**同位体効果**という。

Element Girls

2 He ヘリウム　Helium

寒くたって孤独だって、そんなのへっちゃら

元素名の由来　ギリシャ神話の太陽神ヘリオス（Helios）に由来する

> 私は一人でも飛べるわ……

★ TRIVIA ★

ヘリウムは宇宙で2番目に多く、地殻中にも豊富に存在しているが、空気中にはごく微量にしか含まれていない。

SPEC

原子量	4.002602	融点	-272.2℃
沸点	-268.934℃		
密度	0.1785kg/m³（気体）、124.8kg/m³（液体）	原子価	—
存在度	地表：—	宇宙：2.72 × 10⁹	
主な同位体	³He(0.000137%)、⁴He(99.999863%)、⁶He(β⁻, 0.807秒)		

illustration by 中山かつみ

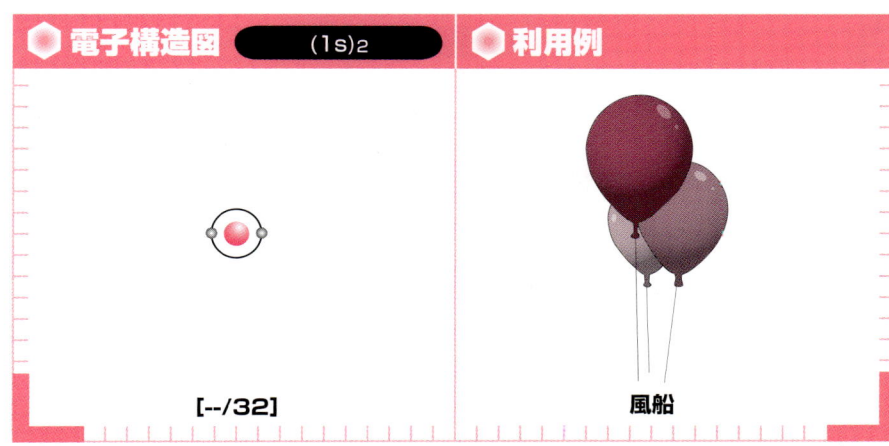

電子構造図	(1s)2
利用例	風船

[--/32]

発見年	1868年
発見者	ピエール・J・C・ジャンサン（フランス）、ノーマン・ロッキャー（イギリス）
存在形態	太陽の中で、水素の核融合によって生成される。地球上では、ウランの核分裂などによって作られる。
利用例	冷却材（液体He）、浮揚用ガス（He）、呼吸用ボンベ（O_2 + He）

風船を浮かせる気体としておなじみ

　ヘリウムは、1868年に天文学者のジャンサンとロッキャーによって、皆既日食の観測中に発見された元素である。第18族元素に属し、**希ガス**＊とも呼ばれる。
　安定した気体で非常に軽い性質を持つため、気球や風船に詰めるガスとして利用される。元素の中で最も軽い気体は水素であり、水素も物体を浮かせるガスとして使用できるが、水素は非常に燃えやすい性質である。そのため、安定した気体のヘリウムが主流となっている。そのほかにもヘリウムは、声のトーンを変える（ドナルド・ダック・ヴォイス）気体として有名である。これは、空気よりも密度が小さいことで振動数が多くなり、音の伝達速度が速くなるためである。

沸点の低さから生まれた現象

　ヘリウムは、すべての元素の中で最も沸点が低いため、液体にすることは到底不可能といわれていた。しかし、1908年にオランダのカマリング・オンネスが、冷却と加圧を繰り返す研究を行った結果、見事液化に成功した。この液体ヘリウムは、極低温下で金属の研究を行う際の冷却材として非常に役立ち、1911年には、ある温度において水銀の電気抵抗がなくなる**超伝導**現象の発見に繋がった。また、さらに冷却を続けると、容器の壁を這い上がったり、普通の液体では流れないような狭い隙間を通り抜けたりする**超流動**という現象が起こる。これはヘリウムの分子間に引力が働かず、ヘリウムの原子と容器の原子の間に引力が働き、壁に引っ張られるために起こる現象である。

Element Girls

3 Li — 電子機器には欠かせない金属ガール!!

リチウム　　　　　　　　　　　Lithium

元素名の由来：ギリシャ語の「石(lithos)」に由来する

「えっと…炎の中で赤く燃えます……」

★ TRIVIA ★

アルミニウムにリチウムを数％添加すると、剛性が上昇、密度は低下し、金属材料として大変優れた性質へと変わる。

SPEC

原子量	6.941	融点	180.54℃	沸点	1347℃
密度	534kg/m³	原子価	1	存在度	地表：13ppm　宇宙：57.1
主な同位体	^6Li(7.59%)、^7Li(92.41%)				

illustration by 鍋島テツヒロ

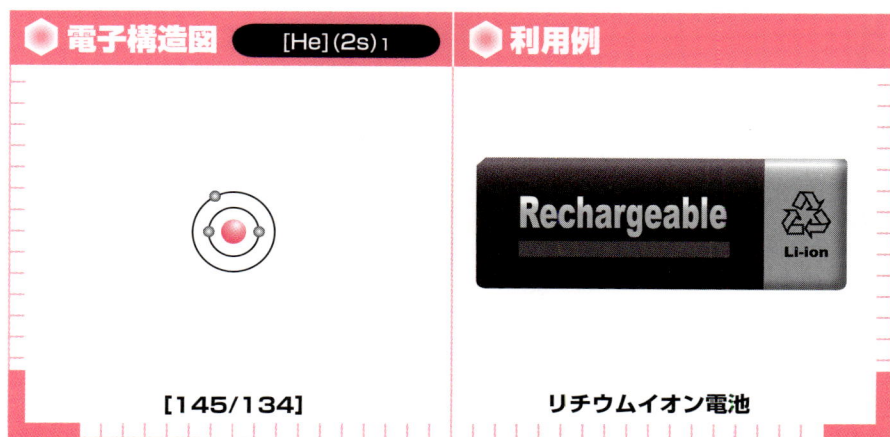

電子構造図	[He](2s)¹

[145/134]

利用例

リチウムイオン電池

発見年	1817年
発見者	ヨアン・オーガスト・アルフェドソン（スウェーデン）
存在形態	リチア輝石、リチア雲母、リチア電気石などの鉱物に存在する。
利用例	リチウムイオン電池、潤滑グリース、航空機材料(Li-M)、躁うつ病の治療薬($LiCO_3$)

一番軽い金属元素

　リチウムは、金属の中でも最も軽い<u>アルカリ金属</u>*である。1817年、スウェーデンの化学者アルフェドソンは、ペタル石の化学分析により、未知の物質が含まれていることを発見した。その後<u>炎色反応</u>によって、新元素リチウムの存在が明らかとなったのである。

　リチウムなどのアルカリ金属を炎の中に入れて熱すると、赤や黄色、緑などさまざまな色の炎を発して燃えることがある。これが、<u>炎色反応</u>である。<u>炎色反応</u>は各元素によって違う色の燃え方を見せるため、どの元素が含まれているのか簡単に識別することができる。リチウムは濃い赤色を示す。花火の色彩は、この<u>炎色反応</u>を利用している。江戸時代の花火はマッチの炎のような色だけだったが、明治以降、輸入されたアルカリ金属類が花火で使用されるようになると、瞬く間に色彩豊かな花火が開発されていった。

リチウムを利用したリチウムイオン電池

　リチウムの代表的な利用法に、<u>リチウムイオン電池</u>がある。近年、パソコンなどの電子機器の軽量化が進み、電池もこれに対応して、軽くて大容量のものが求められるようになった。そこで登場したのが<u>リチウムイオン電池</u>である。この電池は従来使用されていたニッカド電池、ニッケル電池に比べ、はるかに軽量で大容量であり、現在ではほとんどのモバイル製品に用いられている。しかし、ここ数年で発火事故が相次ぎ、<u>リチウムイオン電池</u>の安全性の基準が見直されつつある。

Element Girls

4 Be 甘い誘惑に潜んだ毒に気付くことができる？
ベリリウム　Beryllium
元素名の由来　緑柱石（beryl）に由来する

「味見してみたら？痛い目に合うかも？」

★ TRIVIA ★
軽くて硬い性質を持ったベリリウムは、振動や極低温の変形にも耐えうるため、宇宙から天体を観測する宇宙望遠鏡に使われている。

SPEC
原子量	9.012182	融点	1282℃	沸点	2970℃
密度	1847.7kg/m³	原子価	2	存在度	地表：1.5ppm　宇宙：0.73
主な同位体	^{7}Be（EC、53.29 日）、^{9}Be（100%）、^{10}Be（β^-、1.6×10^6 年）				

illustration by キョウシン

16　元素周期　ELEMENT GIRLS

●電子構造図 [He](2s)₂

[105/90]

●利用例

バネ

発見年	1797年（酸化物として発見）、1828年（単離）
発見者	ルイ＝ニコラ・ヴォークラン（フランス：1797年）、アントワーヌ・ビュッシー（フランス：1828年）、フリードリヒ・ヴェーラー（フランス：1828年）
存在形態	緑柱石、ベルトランド石、エメラルドなどに存在する。
利用例	中性子の減速材、X線源、高音域スピーカー

●甘さに騙されてはいけない、毒性の元素

　1797年にフランスの化学者ヴォークランは、緑柱石の中から未知の金属酸化物を発見した。彼はこの酸化物がなめると甘い味がすることから、ギリシャ語で"甘い"を意味する「グルシニウム」と名付けた。しかし元素を単離するには至らず、1828年にドイツの化学者ビュッシーとヴェーラーがそれぞれ独自に元素の単離に成功し、同年にベリリウムと命名された。甘い味のするベリリウムだが、実は発がん性が強く、深刻な慢性肺疾患を引き起こす毒性の高い金属である。

　ちなみに緑柱石は、エメラルドやアクアマリンといった宝石の原料となる。無色の緑柱石に不純物が混入し緑色になったものがエメラルド、水色になったものがアクアマリンである。

●原子力発電には欠かせない

　原子力発電では、核分裂後に放出される中性子の速度を下げ、次の核分裂を起こしやすくするための減速材が必要となる。ベリリウムは、主に中性子の減速材として利用されている。非常に小さく散乱断面積*の大きいベリリウムは、軟水、重水、黒鉛とともに、中性子の減速材・反射材として用いられている。

　また、銅に1～2%のベリリウムを加えたものはベリリウム青銅と呼ばれ、強靭で弾力性があり、電気伝導性も良いことから電気部品などに用いられている。

Element Girls

5 B ホウ素 — Boron

ホウ酸団子でゴキブリ退治の旅に出発！！

元素名の由来　天然に産出するホウ砂が、アラビア語で「白い(buraq)」と呼ばれたことに由来する

特製団子をお見舞いするぞ！

★ TRIVIA ★
鉱物に対する硬さの尺度を表すモース硬度は、ダイヤモンドの15が最高位であるが、炭化ホウ素はそれに次ぐ14である。

SPEC

原子量	10.811	融点	2300℃	沸点	3658℃
密度	2340kg/m³	原子価	3	存在度	地表：10ppm　宇宙：21.2
主な同位体	^{10}B(19.9%)、^{11}B(80.1%)				

illustration by 鈴眼依緑

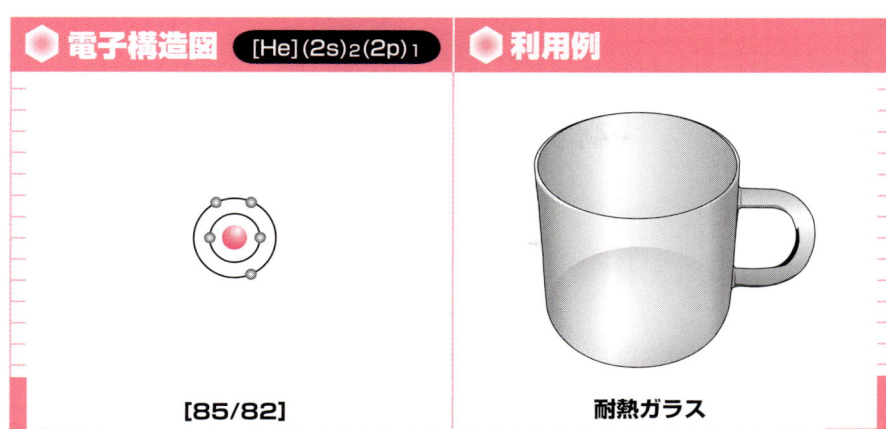

電子構造図	[He](2s)₂(2p)₁	利用例
[85/82]		耐熱ガラス

発見年	1808年
発見者	ハンフリー・デービー（イギリス）、ジョセフ・ルイ・ゲイ＝リュサック、ルイ・ジャック・テナール（ともにフランス）
存在形態	自然ホウ砂として存在する。ダトー石やカーン石にも含まれる。
利用例	耐熱性ガラス、ガラス繊維の原料、ゴキブリのホウ酸団子

なじみは薄いが身近な元素

　ホウ素は、ホウ砂から得られたホウ酸を単離してできた元素である。黒色固体で非常に硬く、単体元素の中ではダイヤモンドの次に硬い。

　ホウ素単体ではあまり利用されていないが、化合物は身の周りで活用されている。例えばパイレックスガラスと呼ばれる耐火ガラスには、酸化ホウ素が含まれている。通常のガラスは熱膨張が大きいため、熱するとガラスが歪んで割れやすくなる。しかし、ガラスに酸化ホウ素を混ぜると熱膨張率が下がって、歪みにくくなり耐久性が増す。またホウ酸は、ゴキブリを駆除するホウ酸団子としても活用されている。そのほか、炭素との化合物である炭化ホウ素は、非常に硬いという性質を活かし、合金への添加剤として利用されている。

まだまだあるホウ素の活躍！

　原子力の分野でも、ホウ素はさまざまな用途を持つ。ホウ素の同位体* ^{10}B は、中性子の吸収能力（クエンチング）が大きいため、原子炉内での中性子吸収の**制御棒**＊の主材料として使用される。また、ホウ素を添加した合金も、熱中性子の**遮蔽材**＊として利用されている。このように、ホウ素は化合物として多種多様な用途があり、私達の生活には欠かせない身近な元素なのだ。

Element Girls

6 C 生命の息吹を吹き込む漆黒の女王様

炭素　　Carbon

元素名の由来　ラテン語の「木炭(carbo)」に由来する

「私からダイヤモンドが生まれるのよ」

★ TRIVIA ★

炭素の同素体・フラーレンは60個以上の炭素が六角形の面をなし、サッカーボール状に結びついた形をしている。このフラーレンは、触媒や抗酸化剤といった新機能が注目を浴びている。

SPEC

原子量 12.0107	融点 3550℃（ダイヤモンド）	沸点 4800℃（ダイヤモンド）
密度 3513kg/m³（ダイヤモンド）、2265kg/m³（黒鉛）	原子価 (2),4	存在度 地表：480ppm　宇宙：1.01×10^7
主な同位体 ^{11}C(EC、β^+、20.39分)、^{12}C(98.93%)、^{13}C(1.07%)、^{14}C(β^-、5730年)		

illustration by アザミユウコ

電子構造図 [He](2s)₂(2p)₂

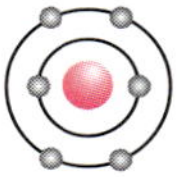

[70/77]

利用例

木炭

発見年	古代から知られる
発見者	古代から知られる
存在形態	墨、ダイヤモンドとして存在する。石油、石炭などの化石燃料に含まれる。
利用例	浄水器、脱臭剤、カーボンナノチューブ

⬢ 生命の源ともいえる元素

　炭素は生命において最も重要な元素といっても過言ではない。なぜなら、生体中に存在するさまざまな化合物の骨格となり、タンパク質や炭水化物など、生物に必要な化合物はすべて炭素化合物だからである。このような炭素を含む化合物の総称は**有機化合物**と呼ばれる。一方、炭素を含まない化合物は一般に**無機化合物**と呼ばれるが、炭素の同素体*や二酸化炭素などの金属炭酸塩は、炭素を含むものの例外として**無機化合物**に分類される。

⬢ 多くの化合物を作る理由

　炭素は複雑な形状をとり、約2000万種以上の化合物を作ることができる。なぜ炭素は多くの化合物を作れるのか。それは炭素の原子価*の数にある。炭素の場合、電子が最大8個入るL殻に、4個の電子が配置されている。しかし、原子は**最外殻電子***に最大数の電子が収まることで安定するため、炭素はあと4個の電子が必要となる。このように、炭素の原子価が4であることから、炭素同士が**共有結合***して骨格を作り、さらに水素原子や酸素原子などと結合することで、さまざまな性質の分子ができるのである。

　炭素の同素体であるダイヤモンドは非常に硬い。これは、炭素原子間がすべて結合力の強い共有結合で形成され、しかも等間隔・等角度の構造をしているからである。一方、黒鉛は層状の構造をしており、層間では**ファンデルワールス結合**という弱い結合で成り立っているため、硬さが違うのである。

Element Girls

7 N 窒素 — Nitrogen

瞬時に何でも凍らせる！活発な爆弾娘！

元素名の由来：ギリシャ語の「硝石(nitron)」と「作る(gennnen)・生じる(genes)」に由来する

「液体窒素で瞬間冷凍！！」

★ TRIVIA ★

窒素を液化した液体窒素は、-196℃の低温である。液体ヘリウムより沸点は高いが価格が10分の1で済むため、冷却実験に多用されている。

SPEC

原子量	14.0067	融点	-209.86℃	沸点	-195.8℃
密度	1.2506kg/m³（気体）、0.88kg/m³（液体）、1026kg/m³（固体）	原子価	1,2,3,4,5	存在度	地表：25ppm　宇宙：3.13×10⁶
主な同位体	¹³N(EC、β⁺、9.965分)、¹⁴N(99.632%)、¹⁵N(0.368%)				

illustration by 大吉

電子構造図	[He](2s)2(2p)3

[65/75]

利用例: 窒素ガスボンベ

発見年	1772年
発見者	ダニエル・ラザフォード（イギリス）
存在形態	空気中、生体内のアミノ酸、タンパク質、DNAなどに含まれる。
利用例	アミノ酸、タンパク質、DNAの主要元素、冷却材（液体窒素）、アンモニア生産の原料、狭心症の薬（NO）

生態系において重要な役割を持つ元素

　空気の約8割を占める窒素は、タンパク質などの生体物質に欠かせない元素である。窒素は、窒素分子の結合力が強く、簡単には切り離せない。この窒素分子の結合を断ち、窒素化合物に変えることを窒素固定といい、自然界ではバクテリアやアゾトバクターなどの細菌が、その役割を担っている。窒素固定によってできたアンモニアは酸化されて、亜硝酸、硝酸イオンへと変化し、植物がそれを取り込んでタンパク質などを合成する。その植物を動物が食べ、動物の死骸や排出物はバクテリアによって再びアンモニアに分解されていく。このように、窒素は生態系における物質循環に対し、非常に重要な役割を担っている。その一方で、窒素酸化物のノックス（NOx）は人体や環境に悪い影響を与えることで知られている。ノックスは、自動車や工場などの排ガスから排出されるもので、肺がんや呼吸障害だけでなく、酸性雨の原因ともなる有害物質である。

アンモニアを大量生産できる！

　窒素の水素化合物アンモニアを工業的に生産する方法に、ハーバー・ボッシュ法*がある。これによって、窒素肥料が空気から生産できるようになり、農作物の生産量が飛躍的に上がることとなった。しかし、この生産方法では高温・高圧の条件が必要となる。そのため現在では、高温・高圧の条件が必要のない、根粒バクテリアの中に存在するニトロゲナーゼ（窒素固定酵素）を用いたアンモニア生産が研究されている。

Element Girls

8 O — 水と火を操る！生命に欠かせない元素

酸素　Oxygen

元素名の由来　ギリシャ語の「すっぱい(oxys)」と「生じる・源(genes)」に由来する

「水と炎どちらがお好き？」

★ TRIVIA ★
高濃度のオゾンは刺激臭と毒性を持っているが、コピー機などの高電圧を用いる装置では、オゾンが発生する場合がある。

SPEC

原子量	15.9994	融点 -218.4℃	沸点 -182.96℃
密度	1.429kg/m³（気体）、2000kg/m³（固体）	原子価 1,2	存在度 地表：474000ppm　宇宙：2.38×10⁷
主な同位体	¹⁵O(β^+、EC、122秒)、¹⁶O(99.757%)、¹⁷O(0.038%)、¹⁸O(0.205%)		

illustration by 八嶋痴

電子構造図 [He](2s)$_2$(2p)$_4$

[60/73]

利用例

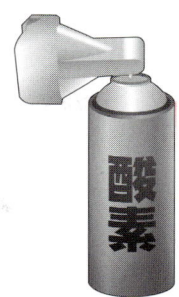

酸素ボンベ

発見年	1771年、1774年(ともに発見)、1777年(確認)
発見者	カール・ヴィルヘルム・シェーレ(スウェーデン：1771年)、ジョゼフ・プリーストリー(イギリス：1774年)、アントワーヌ・ローラン・ラヴォアジェ(フランス：1777年)
存在形態	空気中の約21%(体積比)を占める。
利用例	酸化剤、助燃剤、殺菌作用(O_3)、酸素ボンベ

●フロギストン説により発見が遅れた元素

　空気の約21%の体積を占める酸素は、大気、海、地殻に大量に存在するとても身近な元素である。また、地球上のほとんどの生命にとって必要不可欠な要素でもある。

　酸素は、スウェーデンの薬剤師シェーレと、イギリスの牧師プリーストリーによって発見された。しかし、当時はまだフロギストン説が浸透していたため、酸素が新元素とは認識されていなかった。後に化学者ラヴォアジェが、フロギストン説を否定し、この新元素に酸素と名付けたのである。

●酸化剤と同素体オゾン

　酸素は反応がとても激しく、さまざまな原子や分子と反応する酸化剤*である。例えば、炭化水素は酸素によって酸化され、二酸化炭素と水になる。また、安定した金属以外の元素と反応すると酸化物を生成する。そのため、化学工業においても、最も安価な酸化剤として酸素が使用されている。

　このほか、酸素には酸素分子(O_2)とオゾン(O_3)という2つの同素体*がある。オゾンは、フッ素の次に酸化作用が強く、殺菌や脱臭などに用いられる。身近なものでは、ミネラルウォーター類の殺菌や公共のスイミングプールなどの浄水に用いられている。また、上空にはオゾン濃度の高いオゾン層と呼ばれる気体の層があり、宇宙線や紫外線を防いでくれている。

Element Girls

9 F フッ素 — Fluorine

コーティング力で汚れも水も弾きます！

元素名の由来：ラテン語の「流れる(fluo)」に由来する

「フッ素のコートで水分スマッシュ!!」

★ TRIVIA ★
フッ素は反応性や毒性が高いため、単離は非常に困難であった。そのため発見者のモワッサンは、実験中に片目を失明したといわれている。

SPEC
- 原子量　18.9984032
- 融点　-219.62℃
- 沸点　-188.14℃
- 密度　1.696kg/m³（気体）、1516kg/m³（液体）
- 原子価　1
- 存在度　地表：950ppm　宇宙：843
- 主な同位体　^{18}F(EC、β^+、109.8分)、^{19}F(100%)

illustration by sango

電子構造図 [He](2s)²(2p)⁵

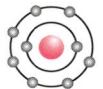

[50/71]

利用例

フライパン

発見年	1886 年
発見者	ジョゼフ・アンリ・モワッサン（フランス）
存在形態	ホタル石などのハロゲン化鉱物に存在する。
利用例	フッ素樹脂（テフロンなど）、歯磨き粉、冷媒（フロン）、医薬品（有機フッ素化合物）

ほとんどの元素と反応する元素

　フッ素は、電気陰性度*が最も高い元素である。希ガス（不活性ガス）*を除いた典型元素*は、周期表の右上になるほど電気陰性度が大きく、左下になるほど小さい。このようにフッ素は、最も強く電子を引きつけることができるため反応性が非常に高く、ヘリウムとネオン以外の多くの元素と反応する。

歯磨き粉からフライパンまで！

　フッ素の利用例の中で代表的なのが、歯磨き粉である。フッ素には、酸に溶けにくい歯を作る効果や、初期の虫歯であれば、酸に溶けた部分のエナメル質を補修し、耐酸性を向上させる効果を持っている。

　また、テフロン（テフロンはデュポン社の登録商標）と呼ばれるフッ素原子と炭素原子から成るフッ化炭素樹脂は、フライパンなどの調理器具のコート塗装に使用されている。テフロン®は、耐熱性・耐腐食性・耐摩擦性があるため、テフロン®加工されたフライパンは焦げにくく、水や汚れを弾くため洗うのも容易である。このテフロン®を加熱延伸して微小な孔をつくり、大きな水滴を遮断できるように整形したものが、防水透湿性素材のゴアテックス（ゴアテックスはゴア社の登録商標）である。またゴアテックス®は、心臓疾患の治療に必要な人造血管の材料としても使用されている。さらに、テフロン®を製造する際に出るスクラップは、印刷用インクの流動性の向上に役立てられている。

Element Girls

10 Ne

夜の街に笑顔と光を灯しにやってきた！

ネオン / Neon

元素名の由来　ギリシャ語の「新しい（neos）」に由来する

「ネオンサインでピッカピカ〜！」

★ TRIVIA ★

ネオンは、液体から気体へ変化すると体積が非常に大きくなる。一般的な液体の気化は約800倍であるが、ネオンは体積が約1340倍にも膨らむ。

─ SPEC ─

原子量	20.1797	融点 -248.67℃	沸点 -246.05℃		
密度	0.8999kg/m³（気体）、1207kg/m³（液体）、1444kg/m³（固体）	原子価 —	存在度 地表：—	宇宙：3.44×10^6	
主な同位体	^{20}Ne（90.48%）、^{21}Ne（0.27%）、^{22}Ne（9.25%）				

illustration by 大槻満奈

電子構造図 [He](2s)₂(2p)₆	利用例

[--/69]	ネオンサイン

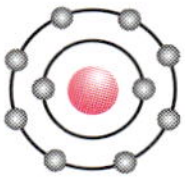

発見年	1898年
発見者	ウィリアム・ラムゼー、モリス・トラバース（ともにイギリス）
存在形態	空気中の0.0018％（体積比）を占める。
利用例	ネオンサイン、レーザー光発生の原料

●「新しい」を意味する安定元素

　ネオンは空気中で5番目に多い元素で、無色無臭の気体である。ヘリウムと同様に、最外殻電子*にすべて電子が詰まっているため、非常に安定した元素である。
　1898年、イギリスの化学者ラムゼーとトラバースは、液体アルゴンを液体空気で囲み、減圧の後ゆっくりと気化させて、出てくる気体を集める実験を行った。この気体を調べたところ、鮮やかな赤色の光が出現したのである。この気体に対し、ラムゼーの息子はラテン語で「新しい(novus)」を意味する名称novumを提案したが、ラムゼーはギリシャ語の「新しい(neos)」から由来するネオンと名付けた。

●夜の街でおなじみの赤いネオンサイン

　ネオンといえば、夜の街を彩るネオンサインがおなじみである。ネオンを封入したガラス管の両極を繋ぎ、放電すると光る原理を利用したのがネオンサインである。ネオンサインは、1910年にフランスの化学者ジョルジュ・クロードによって発明され、数年で全世界の大都市に普及していった。近年では、発光ダイオードなどの光源が増えているが、現在でもネオンサインは寿命も長く保守が簡単なため夜の街には欠かせない存在である。ネオンは真っ赤な光を放つため、赤以外のネオンサインに封入されている気体は、純粋なネオンではない。赤以外の色を表現するためには、別の物質を封入する必要があるのだ。例えば、ヘリウムは黄色、アルゴンは赤〜青色、水銀は青緑色、窒素は黄色を発する。

Element Girls

11 Na — 食のあるところにナトリウムあり！

ナトリウム Sodium (Natrium)

元素名の由来　英語の Sodium はラテン語の「固体(soda)」に由来し、ドイツ語の Natrium は「ソーダ石(Natron)」に由来する

★ TRIVIA ★
食品以外にも、次亜塩素酸ナトリウムは漂白剤、亜硝酸ナトリウムはハムなどの発色剤として使われている。

「今日も上手に焼けましたぁ〜♪」

SPEC

原子量	22.989770	融点	97.81℃	沸点	883℃
密度	928kg/m³（液体）971kg/m³（固体）	原子価	1	存在度	地表：23000ppm　宇宙：5.74×10^4
主な同位体	^{22}Na（β^+、EC、2.602 年）、^{23}Na（100%）、^{24}Na（β^-、14.659 時間）				

illustration by よつ葉真澄

電子構造図 [Ne](3s)1	利用例
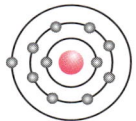 [180/154]	 塩

発見年	1807年
発見者	ハンフリー・デービー（イギリス）
存在形態	塩化ナトリウムとして海水や岩塩に存在する。
利用例	ナトリウムランプ、食塩、ベーキングパウダー

◯ ナトリウムの特性

　ナトリウムは食塩などの化合物として存在し、古代から知られる元素である。化合物から単離された金属ナトリウムは、光沢のある銀白色で、水よりも軽く、刃物で切れるほど軟らかい。また、水と激しく反応（化合）すると、水素と水酸化ナトリウムに変化する。さらに、ナトリウムは空気中で容易に酸化されるため、石油中で保存される。

◯ 食には欠かせない！

　ナトリウム化合物の代表的なものに「塩化ナトリウム（NaCl）」がある。食塩のほとんどがこの塩化ナトリウムであり（約97％）、栄養成分表には「食塩 x g」ではなく「ナトリウム x g」と記載される。これは医学的、栄養学的に見て、ナトリウムが私達の体に最も影響を与える物質だからである。また、ナトリウムは、神経伝達、体液のpH値を調節するといった働きがあり、細胞外液のナトリウム濃度が一定になるように調節されている。ただし、過剰摂取は濃度を維持するための水分貯留により、高血圧などの原因になってしまうのだ。

　工業利用においてナトリウムは、高速増殖炉*の冷却材として使用されている。高速増殖炉は発熱量が多く、沸点の低い水では冷却が間に合わない。そこで、水よりも沸点の高いナトリウムを新たな冷却材として使用することにより、高温で運転を続け、沸騰を防ぐ設備のいらない高速増殖炉を可能にした。

Element Girls

12 Mg — マグネシウム / Magnesium

軽量合金を作り出すエコ元素

元素名の由来: ギリシャ北部のセサリーにある鉱山マグネシアに由来する

「この武器 合金だけど とっても軽いのよ♥」

★ TRIVIA ★
マグネシウムは地球上で8番目に多い元素で、800tの海水から約1t抽出することができる。

SPEC
原子量 24.3050	融点 648.8℃	沸点 1090℃
密度 1738kg/m³	原子価 2	存在度 地表:32000ppm 宇宙:1.074×10^6

主な同位体: ^{24}Mg(78.99%)、^{25}Mg(10.00%)、^{26}Mg(11.01%)、^{27}Mg(β^-、9.462分)、^{28}Mg(β^-、20.90時間)

illustration by 瑠璃石

電子構造図 [Ne](3s)₂

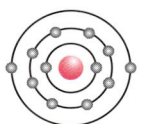

[150/130]

利用例

戦車

発見年	1792年（単離し「オーストリウム」と命名）、1808年（金属塊を得て「マグニウム」と命名）
発見者	アントン・ルップレヒト（オーストリア：1792年）、ハンフリー・デービー（イギリス：1808年）
存在形態	マグネサイト（菱苦土石）やドロマイト（白雲石）に存在する。植物の葉緑素クロロフィルにも含まれる。
利用例	マグネシウム合金、クロロフィルの構成成分、にがり（$MgCl_2$）、歯磨き粉の研磨剤（MgO）など

● 最も軽い実用金属！

　マグネシウムは地球上で8番目に多い元素で、鉱石だけでなく海中からも得ることができる。マグネシウムの比重はアルミニウムの3分の2、鉄の4分の1と実用金属としては最も軽く、比強度や比剛性にも優れている。現在、その特性を生かしたマグネシウム合金は、車などの軽量化を重視する工業製品をはじめ、ポータブルプレイヤー、携帯電話といった携帯製品へと用途が拡大している。

● 自然に優しいエコ元素

　マグネシウムは、植物の成長に欠かせないクロロフィル（葉緑素）の構成成分としても、構造の中心的存在である。クロロフィルとは、植物の光合成に欠かせない葉緑体やシアノバクテリアに含まれる緑色色素である。そのため、マグネシウムが不足すると植物の成長が阻害され、収穫量の減量に繋がるのだ。このほか、豆腐の凝固剤として使用される"にがり"には、塩化マグネシウム（$MgCl_2$）が12〜21％ほど含まれている。

　2001年に青山学院大学の秋光純教授が発見したニホウ化マグネシウム（MgB_2）という**超伝導物質**は、産業分野で使われているニオブ（Nb）合金よりも超伝導臨界温度＊が高く、冷却するのが容易で安価であるため、**超伝導磁石**や送電線、高感度の磁気センサーなどへの応用が考えられている。また近年では、マグネシウムと水の反応によって得られる水素と熱を利用した、無公害エンジンの開発も進んでいる。

Element Girls

13 Al — 合金となり強くなる、友達思いの元素
アルミニウム　Aluminium

元素名の由来：ラテン語の「ミョウバン(alumen)」に由来する

「合わせれば強くなれます」

★ TRIVIA ★

アルミニウムが腐食に強い理由は、表面に0.001mm程の薄い酸化皮膜ができ、これが内部を守ってくれるからである。

SPEC
- 原子量　26.9815386
- 融点　660.32℃
- 沸点　2467℃
- 密度　2698.9kg/m³
- 原子価　3
- 存在度　地表：84100ppm　宇宙：8.49×10^4
- 主な同位体　^{26}Al(β^+、EC、7.2×10^5 年)、^{27}Al(100%)、^{28}Al(β^-、2.241 分)

illustration by フヅキリコ

電子構造図 [Ne](3s)₂(3p)₁

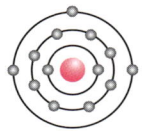

[125/118]

利用例

1円玉

発見年	1807年（単離）、1825年（ほぼ純粋なアルミニウムを得る）
発見者	ハンフリー・デービー（イギリス：1807年）、ハンス・クリスティアン・エルステッド（デンマーク：1825年）
存在形態	氷晶石（Na_3AlF_6）やボーキサイト（不純な水酸化アルミと酸化アルミを含む鉱物）、霞石などに存在する。
利用例	アルミホイル、アルミ缶、1円硬貨、胃薬（$Al(OH)_3$）

● アルミニウム発見の歴史

　アルミニウムは、金属元素の中で地殻中に最も多く存在する元素である。1807年にデービーがミョウバン石からアルミナ（Al_2O_3）を電気分解＊することによって単離し、これに「アルミアム」と名付けたが、このアルミアムは、純粋なアルミニウムではなかった。後の1825年にデンマークのエルステッドが、塩化アルミニウムから、カリウムを還元剤＊に用いて単離し、ほぼ純粋のアルミニウムを得ることに成功した。さらに、1827年にはヴェーラーがナトリウム（$_{11}Na$）を使う製造法を用いて、純粋なアルミニウムを得ることを可能にしたのだ。

● 日常生活に欠かせない！

　アルミニウムは鉄の3分の1の軽さで、錆びにくい性質を持ち、純粋なアルミニウムは軟らかいが、ほかの金属と混ぜることで強度を高めることができる。そのため、アルミニウムは合金として多く利用されている。アルミニウム合金として有名なジュラルミンは、各種車両やスーツケースなど幅広く使われ、戦時下では零戦の機体にも用いられた。

　現在のアルミニウムの生成法は、ボーキサイト＊から水酸化ナトリウムを用いてアルミナを取り出した後、溶融し電気分解＊を行う方法がとられている（ホール・エール法）。アルミニウムは、1円玉やアルミ缶の原料として、日常的に使われている金属である。しかし、ホール・エール法は多くの電力を消費するため、1円玉1枚の製造コストは約2円と、貨幣本来の2倍の値段になっている。

Element Girls

14 Si ケイ素 — Silicon
電子産業を支える電脳元素

元素名の由来：ラテン語の「ひうち石、硬いもの(silicis)」に由来する

> 便利な世界は私がつくるから！

★ TRIVIA ★
ケイ素の酸化物である二酸化ケイ素は、乾燥剤のシリカゲルや、住宅の壁に使われるケイ藻土の主成分として用いられている。

SPEC
- 原子量：28.0855
- 融点：1410℃
- 沸点：2355℃
- 密度：2329.6kg/m³
- 原子価：4
- 存在度：地表：267700ppm　宇宙：1.00×10^6
- 主な同位体：^{28}Si(92.2297%)、^{29}Si(4.67%)、^{30}Si(3.0872%)、^{31}Si(β^-、2.622 時間)

illustration by たはるコウスケ

電子構造図 [Ne](3s)2(3p)2

利用例

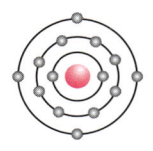

[110/111]

半導体

発見年	1823年
発見者	イェンス・ヤコブ・ベルセリウス（スウェーデン）
存在形態	石英や水晶、ザクロ石、長石、方ケイ石、リンケイ石、雲母、石綿などに広く含まれる。
利用例	半導体の材料、セラミックス、セメント、ガラス、シリコーン樹脂など

便利な生活はケイ素のおかげ！

　ケイ素は酸素の次に地殻中に多く存在する元素である。身近なところではガラスや半導体*などに使われ、今日の電子機器の発達に欠かせない元素である。ケイ素の多くは、石英や水晶などの二酸化ケイ素（SiO_2）やケイ酸塩として存在する。

　1811年、テナールらがケイ酸塩のフッ化ケイ素（SiF_4）を金属カリウムで還元し単離を試みたが、不純物が多く失敗に終わっている。1823年にベルセリウスが、同じ方法で単体のケイ素の単離に成功したが、アモルファス*（無定形）のものだった。結晶性のケイ素はその後1854年にアンリ・サント・クレール・ドヴィーユ（フランス）が電気分解*法で作ったのだ。

シリコンとシリコーンの違いは？

　ケイ素の英語表記は「Silicon」であり、カタカナで"シリコン"と表記される。シリコーンはシリコンとは別の物質であり、英語表記も「Silicone」である。シリコンが高純度のケイ素を表すのに対し、シリコーンはケイ素に炭素鎖と酸素が結合したもので、シリコーン樹脂などに利用されるものを指す。

　ケイ素はコンピュータや太陽電池などに使用される半導体素材の代表的な素材である。半導体とは、電気を通す伝導体*や電気を通さない絶縁体*の中間的な物質のことで、その性質を利用して精密機器の電子素材に多く使われる。ちなみに、サンフランシスコの半導体やハイテク企業が密集する地帯のことを「シリコンバレー」と呼ぶ。

Element Girls

15 P　自然を活かし、炎を生み出す！
リン　Phosphorus

元素名の由来　ギリシャ語の「光(phos)」と「運ぶもの(phoros)」に由来する

> 元素リンリン　激しいぞ〜!!

★ TRIVIA ★

リンは尿から発見されたが、生体に関する物質から発見された元素はリンだけである。

SPEC

原子量	30.973761	融点	44.2℃	沸点	280℃
密度	1820kg/m³	原子価	1,3,4,5	存在度	地表：1000ppm　宇宙：1.04×10^4

主な同位体　$^{30}P(\beta^+、EC、2.498分)$、$^{31}P(100\%)$、$^{32}P(\beta^-、14.282日)$、$^{33}P(\beta^-、25.34日)$

illustration by 久保わこ

電子構造図 [Ne](3s)₂(3p)₃	利用例
[100/106]	マッチ

発見年	1669 年
発見者	ヘニング・ブラント（ドイツ）
存在形態	リン灰石などのリン酸塩として存在する。
利用例	食品添加物、研磨剤、不凍液、DNA、RNA、肥料、サリン、マッチ

カラフルなリン

　リン発見の歴史は古く、1669 年にドイツの錬金術師ブラントが、尿を蒸発させているときに白（黄）リンを発見した。
　リンには多くの同素体*が存在し、白（黄）リン、紫リン、赤リン（白と紫リンの混合物）などがある。これらは、それぞれ原子の配列や性質が異なっている。白リンは空気中で自然発火するが、赤リンは空気中でも安定した物質であるため、マッチの先などに使われている。赤リンは白リンを無空気下、300℃以上に熱することで得ることができる。また、紫リンは金属のような光沢を持っているため、金属リンとも呼ばれる。

善にも悪にもなる元素

　人間の体には多くのリンが含まれており、体重の約 1 割を占めている。その中でも重要な成分が、遺伝物質の DNA（デオキシリボ核酸）や、体のエネルギーとなる ATP（アデノシン三リン酸＝リン脂質）である。このほか、肥料としても使用され、窒素やカリウムとともに肥料の三大要素といわれている。
　また、1995 年に地下鉄サリン事件で使われたサリンも、リンを有する化合物である。サリンは神経の情報伝達に関わるアセチルコリンエステラーゼという酵素を阻害し、人を死に至らしめる猛毒である。非常に不安定な物質のため、少量であれば実験室レベルの設備でも生成できるが、大量に生成するとなると、非常に大がかりな設備が必要となる。

Element Girls

16 S ケミカルでメディカルなラジカル娘

硫黄   Sulphur (Sulfur)

元素名の由来 サンスクリット語の火の源(sulvere)のラテン語「硫黄(sulfur)」に由来する

> 私を使いこなせるかしら……

★ TRIVIA ★
硫黄は石炭や石油などの化石燃料に多く含まれており、これらを生成する際の廃棄物から大量に得ることができる。

SPEC

原子量	32.065	融点 112.8℃ (α), 119.0℃ (β)	沸点 444.674℃
密度	2070kg/m³ (α) / 1957kg/m³ (β)	原子価 2,4,6	存在度 地表:260ppm 宇宙:5.15×10^5
主な同位体	^{32}S(94.93%), ^{33}S(0.76%), ^{34}S(4.29%), ^{35}S(β^-, 87.51 日), ^{36}S(0.02%)		

illustration by 充電

| 電子構造図 | [Ne](3s)₂(3p)₄ | 利用例 |

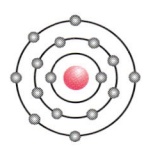

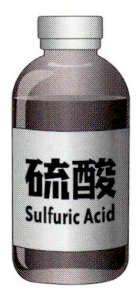

[100/102]

硫酸

発見年	古代から知られる
発見者	古代から知られる
存在形態	火山の析出物として存在する。金属の硫化物、ニンニクやタマネギ、髪の毛や爪にも含まれる。
利用例	マッチ、黒色火薬、硫酸(H_2SO_4)、医薬品の原料

独特のにおいが特徴

　硫黄は紀元前から知られる元素で、火山地帯に黄色の結晶として多く存在している物質である。硫黄化合物として温泉にも含まれ、独特の強いにおいを発する元素としても知られている。また、ニンニクやタマネギにも硫黄化合物が含まれており、刺激のある特有のにおいを発生させる。髪の毛や爪を燃やすと臭いのは、硫黄が含まれるアミノ酸（システインなど）からできているからである。

　硫黄の同素体*は元素の中で最も多く、α硫黄、β硫黄、ゴム状硫黄などがある。これらの同素体の中で、安定しているのはα硫黄のみであるため、常温で放置すると、ほかの同素体はα硫黄へと変化する。

古代から人の生活と関わってきた

　硫黄が発見された当時の古代ギリシャでは、消毒に硫黄を利用していた。現代でも皮膚病の治療薬など、医薬品の原料として利用されている。また、燃える物質としても知られ、火薬の原料にも使われている。

　工業の面では"硫酸"の製造原料として用いられる。硫酸は最も多く生産されている化学薬品で、濃度が約90％未満の硫酸を**希硫酸**、濃度約90％以上を**濃硫酸**という。一般的に使われている硫酸は**希硫酸**であり、**濃硫酸**は脱水剤や乾燥剤に用いられている。また、硫黄はアミノ酸として人体にも存在し、成人の場合約140gを保有している。中でもメチオニンは**必須アミノ酸***のひとつで、生理活性物質の生成や、肝臓の機能を助ける働きがある。

Element Girls

17 Cl

消毒ちゃんから猛毒さんに変幻自在

塩素　　　　Chlorine

元素名の由来　ギリシャ語の「黄緑(chloros)」に由来する

> 信用しすぎると痛い目みるわよ？

★ TRIVIA ★

塩素を含む物質のほとんどに、不完全燃焼するとダイオキシンの発生が確認されている。

SPEC

原子量	35.453	融点 -101℃		沸点	-33.97℃
密度	3.214kg/m³（気体）、1507 kg/m³（液体）、2030kg/m³（固体）	原子価 1,3,5,7		存在度	地表：130ppm　宇宙：5240
主な同位体	³⁵Cl(75.78％)、³⁶Cl(β^-、EC、β^+、3.01×10^5 年)、³⁷Cl(24.22％)、³⁸Cl(β^-、37.24 分)				

illustration by 石井モモコ

| 電子構造図 | [Ne](3s)₂(3p)₅ | 利用例 |

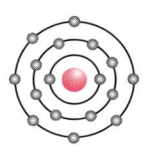

[100/99]

漂白剤

発見年	1774年
発見者	カール・ヴィルヘルム・シェーレ（スウェーデン）
存在形態	食塩などの塩化物、人体中に存在する。塩酸は胃酸の成分として存在する。
利用例	漂白剤、酸化剤、殺菌・消毒剤、食品用ラップ、塩化ビニルなど

黄緑色の気体元素

　塩素（Chlorine）の名前の由来である"黄緑（Chloros）"は、塩素の気体が黄緑色だったことからきている。Chlorosを日本語で直訳すると"緑気"であるが、「塩素」と呼ばれるのは「食塩の素」の意味からである。

　塩素はほぼすべての元素と安定した化合物になることができ、有機化合物にも塩素を含むものが多い。その中でも有機塩素化合物は、化合物として安定しているだけでなく、安価に生成できるため、**クロロホルム**などの有機溶媒や、**ポリ塩化ビニル**（プラスチックなど）として、生産されている。

消毒か？　猛毒か？

　塩素には消毒に欠かせない成分となる反面、猛毒としての特性も持っている。塩素には漂白と殺菌作用があるため、水酸化ナトリウムに塩素を溶かした**次亜塩素酸ナトリウム**（NaClO）として、水の殺菌剤に使用されている。このように、塩素が消毒に使われるようになったことで、伝染病のチフスやコレラを根絶することに成功した。

　一方、塩素単体の塩素ガスには強い毒性があり、第一次世界大戦ではドイツ軍が毒ガスとして使用した。同様に液体塩素にも毒性があり、皮膚に触れると触れた箇所が炎症を起こす。また、一酸化塩素と呼ばれる物質はオゾンを破壊する物質であり、触媒的にオゾンを分解するため、破壊効果も大きい特徴がある。

Element Girls

18 Ar

働かない者？ いえ、実は働いてます！

アルゴン　　　Argon

元素名の由来　ギリシャ語の「a（否定）」と「ergon（仕事）」で"働かないもの"という意味に由来する

> ……浮いてるのが私の仕事ですから

★ TRIVIA ★

アルゴンは空気中に1％しか存在しないが、不活性ガスでは1番多い元素である。その量は、ほかの不活性ガスを合わせた1000倍以上といわれる。

SPEC

原子量	39.948	融点	-189.3℃	沸点	-185.8℃
密度	1.784kg/m³（気体）、1393kg/m³（液体）、1650kg/m³（固体）	原子価	ー	存在度	地表：ー　　宇宙：1.04×10⁵

主な同位体：³⁶Ar(0.3365％)、³⁷Ar(EC、35.04日)、³⁸Ar(0.0632％)、⁴⁰Ar(99.6003％)、⁴¹Ar(β⁻、1.827時間)

illustration by あや

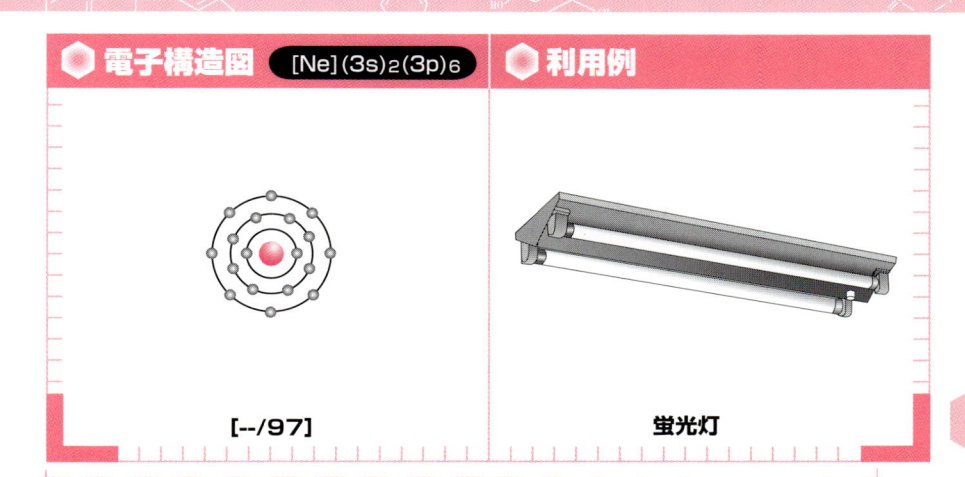

電子構造図 [Ne](3s)₂(3p)₆	利用例
[--/97]	蛍光灯

- 発見年：1894 年
- 発見者：ジョン・ウィリアム・ストラット、ウィリアム・ラムゼー（ともにイギリス）
- 存在形態：空気中の約 0.93％（体積比）を占める。
- 利用例：電球、蛍光灯、酸化防止ガス、医療用レーザー、地質年代測定（^{40}Ar）

最初に発見された不活性ガス

　アルゴンは空気中に存在し、空気中の体積の1％を占める**希ガス（不活性ガス）**＊である。アルゴンが発見されるまで**不活性ガス**は発見されておらず、周期表にも載せられていなかった。1892年、レイリーは気体の研究の際に、アンモニアから生成した窒素（$_7$N）が、大気から分離した窒素と密度が違うことに疑問の念を抱いていた。そして、それを聞いたラムゼーが未知の気体の可能性を説いたのである。1894年、数カ月の実験の結果、大気から取り出した窒素にわずかに含まれる気体（アルゴン）を発見した。この発見をきっかけとして、「周期表の一番端に気体元素の列がある」ということが判明した。

アルゴンのいろいろな使い道

　アルゴンは、身近なところでは蛍光灯に使われている。蛍光灯内にはアルゴンガスと水銀ガスが封入されており、電流を流すことで発生する電子が、水銀原子に反応して紫外線を発し、蛍光灯の内側に塗られた蛍光体に当たることにより光を発する。その際、アルゴンの働きにより放電が一定に保たれ、均一な光の供給が行われる仕組みである。また、化学実験で薬品を取り扱う際、空気下での反応を避けるために用いられる。アルゴンは空気よりも重いため、容器にアルゴンを満たすことで空気を追い出すことができるのだ。さらに、**不活性ガス**という性質上、反応を気にせず実験を行うことができる。このほかにも、金属鋳造時の酸化防止ガスや、金属溶接、医療用レーザーにも使われている。

Element Girls

19 K
自然を愛する、細胞内の守護者
カリウム Potassium (Kalium)

元素名の由来　中世ラテン語の Kalium、英語の Potassium (pot ash = 鍋の中の草木灰) に由来する

> そんな風に使っちゃイヤよ……

★ TRIVIA ★
アルゴンが不活性ガスの中で１番多いのは、カリウム (^{40}K) が β^+ 崩壊することでアルゴン (^{40}Ar) となり、常に補填されているからである。

SPEC
原子量	39.0983	融点	63.65℃	沸点	774℃
密度	862kg/m³	原子価	1	存在度	地表：9100ppm　宇宙：3770

主な同位体　^{39}K (93.2581%)、^{40}K (0.0117%, β^-、EC、β^+、1.277×10^9 年)、^{41}K (6.7302%)、^{42}K (β^-、12.360 時間)、^{43}K (β^-、22.3 時間)

illustration by ゆつき

| 電子構造図 | [Ar](4s)₁ | 利用例 |

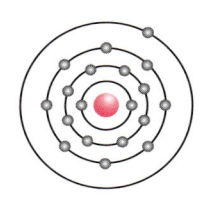

[220/196]　　　　　　　　　カリ肥料

- **発見年** 1807年
- **発見者** ハンフリー・デービー（イギリス）
- **存在形態** ミョウバン石、カナール石、シルヴィンなどの鉱物、海水中などに含まれる。
- **利用例** 非常用酸素発生剤、光電子素子、写真の製版（KBr）

人体に不可欠な元素

　カリウムは、体内に多く含まれている元素である。体内に含まれるカリウムのうち、約98％がカリウムイオン（K^+）として細胞内にあり、残りの約2％が細胞外に存在している。これと逆の位置にあるのがナトリウムであり、そのほとんどがナトリウムイオン（Na^+）として細胞外に存在している。このようなことが起こるのは、ナトリウムカリウムATPアーゼという酵素の働きにより、カリウムを細胞内に取り込み、ナトリウムを細胞外に排出し、神経刺激の伝達や細胞内の浸透圧の保持などを行っているからである。

使い方で性質が180度変わる！

　カリウムはさまざまな塩（カリウム塩）を形成するもととなっている。その塩の種類は多く、さまざまなところで利用されている。
　例えば、塩化カリウム（KCl）と硫酸カリウム（K_2SO_4）はカリ肥料として用いられ、肥料の三大要素といわれている。硝酸カリウムは燃焼補助剤として、タバコや火薬に使われている。
　また、シアン化カリウム（KCN）は猛毒であり、"青酸カリ"とも呼ばれる。殺人にたびたび利用され（毒殺）、これが体内に侵入すると、シアン化物イオンがヘム鉄*に結合（酸素の300倍以上の結合力）し、ヘム鉄に含まれるタンパク質ヘモグロビンが行う、体内への酸素供給が阻害され、死に至らしめるのである。ちなみに、カリウムの炎色反応は紫色であり、花火にも利用される。

Element Girls

20 Ca

この栄養素、実は元素なんです！

カルシウム　　Calcium

元素名の由来　ラテン語の「石灰(calx)」に由来する

> アタシがいないと
> イライラするよ!!

★ TRIVIA ★

カルシウムは、大理石や鍾乳石以外に、石筍（せきじゅん）にも含まれる。石筍とは地面から成長した結晶で、タケノコに例えたものである。

SPEC

原子量	40.078	融点	839℃	沸点	1484℃
密度	1550kg/m³	原子価	2	存在度	地表：52900ppm　宇宙：6.11×10^4

主な同位体　^{40}Ca(96.941%)、^{42}Ca(0.647%)、^{43}Ca(0.135%)、^{44}Ca(2.086%)、^{45}Ca(β^-、163.8日)、^{46}Ca(0.004%)、^{47}Ca(β^-、4.536日)、^{48}Ca(0.187%)

illustration by spaike77

電子構造図　[Ar](4s)₂

[180/174]

利用例

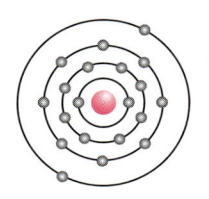

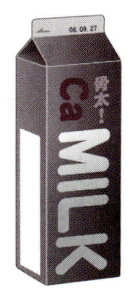

牛乳

発見年	1808年
発見者	ハンフリー・デービー（イギリス）
存在形態	大理石、鍾乳石、サンゴ、真珠などに含まれる。骨の主成分としても存在する。
利用例	金属の精錬、乾燥剤（$CaCl_2$）、カーバイドランプ（CaC）、セメント

◆ 発見から精製まで100年！

　カルシウムは人体に必須で、栄養分としても有名な元素のひとつである。1808年、デービーは消石灰を酸化第二水銀と混ぜ、電気分解*することで得た「カルシウムアマルガム」から、これに含まれる水銀を蒸留除去し単離することに成功した。しかし、得ることのできたカルシウムは純粋なものではなく、純粋なカルシウムを得たのは、それから100年後に工業製法が開発されてからである。

◆ カルシウムは骨だけじゃない

　カルシウムは人体の中で骨や歯の成分として知られ、成人の体には約1kg存在している。カルシウムは骨の中にリン酸カルシウムとして存在し、ハイドロキシアパタイト（$Ca_{10}(PO_4)_6(OH)_2$）とも呼ばれる。人工的に合成して作り出すこともできる上に、もともと体内に存在するため、**生体親和性**が高い。そのため、人工骨や人工歯といった**インプラント***材料などに用いられ、近年注目が集まっている。ちなみに、カルシウムが不足すると神経伝達や筋肉の働きに悪影響を及ぼし、ストレスに弱くなることも研究されている。

　また、カルシウムは大理石や鍾乳石などにも含まれる。例えば、鍾乳石は二酸化炭素水によって、カルシウムイオン（Ca^{2+}）と炭酸水素イオン（HCO_3^-）となって溶け出した炭酸カルシウムで形成されている。鍾乳洞にある氷柱のようにたれ下がった鍾乳石は、炭酸カルシウムが突出したものである。ちなみに、真珠はカルシウムの結晶と有機質層が交互に積層して形成される生体鉱物である。

Element Girls

21 Sc

強気なお姫様の光は植物も喜ぶ

スカンジウム　　Scandium

元素名の由来　発見された地名のラテン語「南部スカンジナビア半島(Scandia)」に由来する

> 光を浴びたいなら私の所へ来るがよい

★ TRIVIA ★

トルトベイト石は、日本では京都の磯砂鉱山で産出されており、日本でスカンジウムを主成分とする鉱物はトルトベイト石のみである。

SPEC

原子量	44.955910	融点	1541℃	沸点	2831℃	
密度	2989kg/m³	原子価	3	存在度	地表：30ppm	宇宙：33.8
主な同位体	^{44m}Sc(IT、EC、β^+、2.442 日)、^{44}Sc(β^+、EC、3.927 時間)、^{45}Sc(100%)、^{46}Sc(β^-、83.83 日)、^{47}Sc(β^-、3.341 日)、^{48}Sc(β^-、43.7 時間)、^{49}Sc(β^-、57.4 分)					

illustration by 猫生いづる

電子構造図 [Ar](3d)1(4s)2

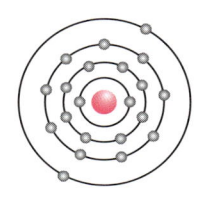

[160/144]

利用例

自転車フレーム

発見年	1879年
発見者	ラルス・ニルソン（スウェーデン）
存在形態	トルトベイト石に含まれる。
利用例	スポーツや映画撮影用の照明、自転車の軽量フレーム、メタルハライドランプ、触媒

● 予言されていた新元素

　周期表の作成者メンデレーエフは、カルシウム（原子量40）とチタン（原子量48）の間に、新元素があると予言し、これにエカホウ素という仮の名称を与えた。それがスカンジウムである。

　1879年、スウェーデンの学者ニルソンはガドリン石の成分の中に混在する新元素を発見し、これにスカンジウムと名付けた。しかし、彼はこの新元素がエカホウ素であることには気付かず、それを明らかにしたのはニルソンの同僚にあたるテオドール・クレーヴェだった。

● 明るくて寿命も長い万能照明！

　酸化スカンジウムを主成分とする鉱物に、トルトベイト石がある。この鉱物は、1910年にノルウェーのペグマタイトから発見されたもので、産出量が非常に限られている。工業用では、ウランを精製する際の副産物として採取することができる。

　スカンジウムは、野球場の照明に使われるメタルハライドランプに利用されている。メタルハライドランプとは、発光管の中にスカンジウム-ナトリウム（Sc-Na）系の金属などを封入し、放電することで太陽光に似た光を発するものである。このランプは、ハロゲンランプに比べ、明るく寿命も長い。さらに消費電力も50％ほどに抑えられるため、展示物あるいは映画撮影用の照明や植物栽培用の照明としても高い評価を得ている。

Element Girls

22 Ti

光の力でより白くしてくれる美白元素！

チタン / Titanium

元素名の由来　ギリシャ神話の巨人族「ティターン」に由来する

> チーター？
> いえいえ
> チタンだよ！

★ TRIVIA ★

チタンで作られた絵の具は赤外線の反射率が高い。そのため、屋外での使用に向いており、セメントなどにも利用される。

SPEC

原子量	47.867	融点	1660℃	沸点	3287℃
密度	4540kg/m³	原子価	2,3,4	存在度	地表：5400ppm　宇宙：2400

主な同位体　^{44}Ti(EC、47.3年)、^{46}Ti(8.25%)、^{47}Ti(7.44%)、^{48}Ti(73.72%)、^{49}Ti(5.41%)、^{50}Ti(5.18%)、^{51}Ti(β^-、5.76分)

illustration by 紺野賢護

電子構造図 [Ar](3d)₂(4s)₂	利用例
[140/136]	チタン製鍋

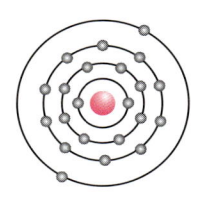

発見年	1791年（金属酸化物として発見）
発見者	ウィリアム・グレゴール（イギリス）
存在形態	ルチル、アナターゼ、イルメナイトという鉱物や、月の石などに存在する。
利用例	航空機のエンジン・機体、登山用のクッカー、形状記憶合金、印刷インク、化粧品など

優秀な性質を備え持つ元素

　チタンは地殻中で9番目に多い元素で、ルチルやチタン鉄鉱などの鉱物に含まれる。1791年、イギリスの牧師グレゴールが黒色の磁性鉱物の中から未知の酸化物（酸化チタン）を発見し、これにメカナイトと名付けた。1794年には、ドイツのクラポロートがルチル鉱石から未知の酸化物を発見し、メカナイトと同一物であることを確認した。しかし、両氏とも単体金属を得るには至らず、チタンを単離できたのは、発見から100年以上経った1910年のことであった。さらに実用化に至ったのは、1946年のことである。ルクセンブルクの冶金学者クロールが考案したマグネシウム還元法（クロール法）により、大量生産が可能となった。純粋な金属チタンは、加工が容易で強度も高く、海水による腐食を防ぐなどの高い耐食性を備えている。そのため、潜水艦の艦体やプロペラ軸、そのほか海水を浴びる船舶の装備に利用されている。

汚れを落とし、白く見せる！

　チタンには、光触媒という性質がある。光触媒とは、光が当たることにより、さまざまな化学反応を促進することをいう。チタンの化合物である二酸化チタンは、光が当たることで汚れを分解する光触媒効果と、水と馴染みやすくなる親水性の機能を持つ。そのため、トイレや外壁、抗菌剤などに利用されている。また、純粋な二酸化チタンは毒性がなく鮮やかな白色を示すので、ファンデーションなどの白色顔料としても使用されているのだ。

Element Girls

23 V 糖尿病予備軍の貴男！ 私が癒してア・ゲ・ル♥
バナジウム　Vanadium

元素名の由来：スカンジナビア神話の愛と美の女神「バナジス (Vanadis)」に由来する

> 酸素をお運びいたします

★ TRIVIA ★
バナジウムは血糖値の低下や代謝促進の効果があるため、バナジウムを含む地下水などはミネラルウォーターとして販売されている。

SPEC
原子量	50.9415	融点	1887℃	沸点	3377℃
密度	6110kg/m³	原子価	2,3,4,5	存在度	地表：230ppm　宇宙：295

主な同位体：^{48}V（EC、β^+、15.976日）、^{49}V（EC、330日）、^{50}V（0.250%、1.3×10^{17}年）、^{51}V（99.750%）、^{52}V（β^-、3.75分）

illustration by 美浜洋子

| 電子構造図 | [Ar](3d)₃(4s)₂ | 利用例 |

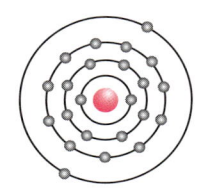

[135/125]

バナジウムウォーター

発見年	1801年（最初の発見）、1830年（二度目の発見）
発見者	アンドレス・マヌエル・デル・リオ（メキシコ：1801年）、ニルス・ガブリエル・セフストレーム（スウェーデン：1830年）
存在形態	バナジン鉛鉱、パトロン石、カルノー石、原油などに含まれる。ホヤなどの血液中にも蓄積されている。
利用例	超伝導磁石、脱硫、酸化反応触媒（V_2O_5 など）、ミネラルウォーター、バナジウム合金（V-Ti）

◆ 不運な発見者により、発表が遅れてしまった元素

　バナジウムは、1801年にデル・リオによって発見された、銀白色の延性に富んだ金属元素である。発見当時、デル・リオは「パンクロミウム」として新元素の報告をしたが、さまざまなアクシデントに見舞われ、正式に発表することができなかった。さらに「これは新元素ではなくクロムである」という指摘を受けてしまい、自信を失くした彼は、自ら発表を撤回してしまったのである。それから約30年後、新元素はスウェーデンの化学者セフストレームによって再び発見され、そこで初めて「バナジウム」と名付けられた。後に、この元素はデル・リオの発見したパンクロミウムと同一物だったことが確認され、彼こそが最初の発見者であると確証された。

◆ バナジウムの持つ役割

　バナジウムは、糖尿病患者の回復を促す作用があることが確認されている。そのほか、バナジウム合金には耐衝撃性や耐振動性があり、ばねや工具、各種エンジンに使われ、五酸化バナジウムは触媒や陶磁器の釉薬に用いられる。また、自然界には、特定の元素を取り込んで濃縮する生物が存在する。アメフラシやウミウシ、ホヤなどは、バナジウム細胞というものを持っており、そこには、酸化バナジウムとタンパク質が結合してできた色素が多量に含まれている。この細胞は、ヘモグロビンのような酸素運搬能力を持っていると考えられているが、いまだ明らかになっていない。

Element Girls

24 Cr — クロム / Chromium

輝く鋼の剣を手に、妖艶に舞う踊り子！

元素名の由来　ギリシャ語の「色(chroma)」に由来する

> 我が耐酸性の刃は無敵なり……

★ TRIVIA ★

クロムは、ビリジアンやクロムイエローなどの絵の具に多く含まれている。ビリジアンは緑色の絵の具が少なかった当時、大変重宝されていた。

SPEC

原子量	51.9961	融点 1860℃	沸点 2671℃
密度	7190kg/m³	原子価 (1),2,3,4,5,6	存在度 地表：185ppm　宇宙：1.34×10^4

主な同位体　^{50}Cr(4.345%)、^{51}Cr(EC、27.704日)、^{52}Cr(83.789%)、^{53}Cr(9.501%)、^{54}Cr(2.365%)

illustration by 戸橋ことみ

電子構造図 [Ar](3d)5(4s)1	**利用例**
[140/136]	装飾品（ルビーなど）

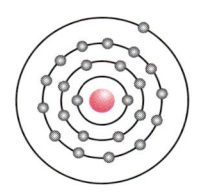

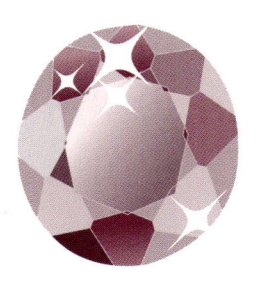

発見年	1798年
発見者	ルイ＝ニコラ・ヴォークラン（フランス）
存在形態	クロム鉄鉱や紅鉛鉱に存在する。ルビーやエメラルドに含まれる。
利用例	ステンレス鋼、ニクロム、クロムメッキ、酸化剤

化合物の種類によって正反対の作用を持つ元素

　クロムは非常に硬い銀白色の金属である。名前の由来どおり、クロム化合物は鮮やかな色のものが多い。結合の成り方によってあらゆる色に変化するので、昔から顔料に使われている。また、ルビーやエメラルドの色の成分もクロム化合物である。

　クロムの化合物として有名なのが、三価クロムと六価クロムである。三価クロムは人体に必須の元素で、糖尿病の改善や予防に必要不可欠である。それに対し、六価クロムは毒性が強く、人体や環境に悪影響な物質として知られている。六価クロムを扱う工場現場では、従業員が肺がんになる事件が起こったこともあり、現在では厳しい排出規制が設けられている。

錆びない、汚れない、無敵の合金

　クロムは酸に侵されにくい性質を持つ。その錆びにくい性質を利用したのがステンレス鋼である。ステンレス鋼とは、クロムやニッケルを含有させた鉄との合金鋼のことである。1913年にイギリスのハリー・ブレアリーによって開発され、一般家庭へ普及した。クロムと鉄を混ぜると、表面に不動態皮膜という薄い膜ができる。この膜は傷や衝撃が与えられてもすぐに新しい膜ができ、錆の発生を防ぐ働きを持っているのだ。

　ステンレスの登場によって鉄鋼産業は大きな大革命を遂げ、今日では、台所のキッチンやスプーンなどの食器類、電車のボディなど多くの金属製品に使用されている。

Element Girls

25 Mn

大漁大漁！今宵もマンガン求めて海の底へ

マンガン — Manganese

元素名の由来　ギリシャ語の「きれいにする（manganizo）」や、ラテン語の「磁石（magnes）」に由来するなど諸説ある

> 今日もたくさん獲れたなぁ〜

★ TRIVIA ★

マンガン団塊は、サメの歯や火山灰などを核として、千年に1mmほどの割合で層状に成長したものだといわれている。

SPEC

原子量	54.938049	融点 1244℃	沸点 1962℃
密度	7440kg/m³	原子価 (0),(1),2,(3),4,(5),6,7	存在度 地表：1400ppm　宇宙：9510

主な同位体　^{52m}Mn（β$^+$、EC、IT、21.1 分）、^{52}Mn（EC、β$^+$、5.591 日）、^{53}Mn（EC、3.74 × 10^6 年）、^{54}Mn（EC、β$^+$、312.20 日）、^{55}Mn（100％）、^{56}Mn（β$^-$、2.5785 時間）

illustration by 白夜ゆう

電子構造図 [Ar](3d)₅(4s)₂	利用例
[140/139]	マンガン電池

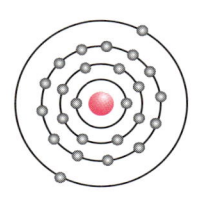

発見年	1774年
発見者	カール・ヴィルヘルム・シェーレ、ヨハン・ゴットリーブ・ガーン（ともにスウェーデン）
存在形態	閃マンガン鉱、軟マンガン鉱、菱マンガン鉱、マンガン重石、マンガン団塊などに含まれる。
利用例	マンガン電池、マンガン鋼、酸化剤（過マンガン酸カリなど）

古代ローマ時代から身近な存在

マンガンは、灰白色のもろい金属元素で、地殻に約0.01％存在する。**軟マンガン鉱**と呼ばれるマンガン鉱物は、古代ローマ時代からガラスの色消しに利用されており、中世の錬金術師たちは酸化剤*として使用していた。1774年、スウェーデンの化学者シェーレは、**軟マンガン鉱**に未知の金属が含まれていることを示唆した。そして同年、シェーレの友人ガーンが、純粋な新元素（マンガン）の単離に成功し、これに「マンガネシウム」と名付けた。ところが、しばらくしてマグネシウムが新元素として発見されると、両者の名前が紛らわしいことから、マンガンと改名されることとなった。

海底に沈む金属資源

マンガン自体は非常にもろいが、合金としてよく利用されている。マンガンを1％含んだ合金は強度が増し、加工性や耐食性も向上する。そのため、鉄道のレールや土木機械、刑務所の鉄格子など、幅広く活用されている。また、工業利用されているマンガン化合物には、二酸化マンガンと硫酸マンガンがある。二酸化マンガンはマンガン乾電池として利用され、硫酸マンガンは金属マンガンの製造などに使われている。

そのほか、海底には**マンガン団塊**と呼ばれる鉱物が数多く沈んでおり、その総量は100億t以上と推定される。将来、金属が不足すると予想される現在、**マンガン団塊**は大変注目を浴びているのだ。

Element Girls

26 Fe

紀元前から人気者のポップメタル娘

鉄 Iron

元素名の由来　ギリシャ語の「強い(ieros)」に由来し、化学記号 Fe はラテン語の鉄(ferrum)に由来する

> 朝礼で倒れたくなかったらアタシを呼びな！

★ TRIVIA ★

使い捨てカイロの中の鉄粉は、揉むことによって鉄が酸素と反応して酸化され、錆びるときに熱を出すのである。

SPEC

原子量	55.845	融点	1535℃	沸点	2750℃
密度	7874kg/m³	原子価	2,3,4,6,	存在度	地表：70700ppm　宇宙：9.0×10^5

主な同位体　^{52}Fe(EC、β^+、8.275 時間)、^{54}Fe(5.845%)、^{55}Fe(EC、2.73 年)、^{56}Fe(91.754%)、^{57}Fe(2.119%)、^{58}Fe(0.282%)、^{59}Fe(β^-、44.503 日)

illustration by 西川享

電子構造図 [Ar](3d)₆(4s)₂

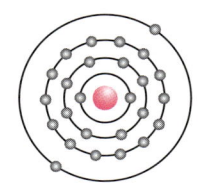

[140/125]

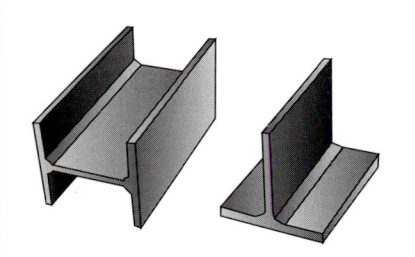

利用例

鉄鋼（鉄道のレール）

発見年	古代から知られる
発見者	古代から知られる
存在形態	地殻には、磁鉄鉱や赤鉄鉱などの形で存在する。人体では、赤血球のヘモグロビンに含まれる。隕石にも隕鉄として含まれる。
利用例	鋼、使い捨てカイロ、合金、磁性体

● 最も古い歴史を持つ金属元素

　人類の歴史において最も頻繁に利用されている金属で、紀元前25〜30年ごろには既に鉄製品が作られていたとされる。一般に利用されるようになったのは、紀元前1400年ごろからで、鉄の歴史は"産業の歴史"といわれるほど、今日まで多くの鉄が使われている。鉄がこれほどまでに使用されるのは、埋蔵量が豊富で、ほかの金属の添加や熱処理によって自由に強さや硬さを調整できるからだ。

　産業だけでなく、鉄は体内でも重要な役割を果たしている。中でも重要なのが、酸素を運ぶヘモグロビンを構成するヘムタンパク中の鉄分だ。人体に含まれる鉄の約65％が、ヘモグロビンの中に存在している。鉄分の不足は貧血の原因となり、倦怠感、全身疲労などの症状をもたらすことがある。

● 核融合によってできる最後の元素

　純粋な鉄は、銀色で光沢のある金属で軟らかく、簡単に加工できる。また、湿った空気中では非常に錆びやすく、希薄な酸にも容易に溶解するという性質を持っている。

　鉄の存在量は、地殻中に4番目に多く存在し、宇宙では9番目に多い。これは、恒星内部の核融合によって作られる最終元素が鉄であり、鉄の存在量が多くなっているからである。

Element Girls

27 Co

芸術から医療まで小悪魔の放射ビームでメロメロ

コバルト / Cobalt

元素名の由来：ドイツ語の「山の精(Kobold)」に由来する

> ダ・ヴィンチも ゲオルグも アタシの虜♪

★ TRIVIA ★

コバルトは生物にとって必須な元素で、ビタミンB12などにも含まれており、貧血を防ぐ効果を持つ。

SPEC

原子量	58.933200	融点	1495℃	沸点	2870℃
密度	8900kg/m³	原子価	2,3,(4)	存在度	地表：29ppm　宇宙：2250

主な同位体：^{55}Co(EC、β^+、17.53 時間)、^{56}Co(EC、β^+、77.7 日)、^{57}Co(EC、271.77 日)、^{58m}Co(IT、9.15 時間)、^{58}Co(EC、β^+、70.916 日)、^{59}Co(100%)、^{60m}Co(IT、β^-、10.47 分)、^{60}Co(β^-、5.274 年)

illustration by ヤナギユキ

| 電子構造図 | [Ar](3d)₇(4s)₂ | 利用例 |

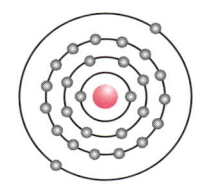

[135/126]

コバルトブルー（顔料）

発見年	1735年
発見者	ゲオルグ・ブラント（スウェーデン）
存在形態	輝コバルト鉱に存在する。産業的にはニッケルの精錬時の副産物として得られる。
利用例	絵の具（コバルトブルー）、コバルト合金ガンマ線（^{60}Co）、サマリウムコバルト磁石（Sm-Co）、リチウムイオン電池の電極

◉ ピンクから深青まで自由自在！

　コバルトは輝きのある銀色の金属元素である。空気中では安定して水には反応しないが、希薄な酸にはゆっくり溶解する。

　コバルトの化合物といえば、青色のコバルトブルーが挙げられる。これは古代から優秀な青色顔料とされており、ツタンカーメンの墓からは深青色のガラス製品が発掘されている。また、レオナルド・ダ・ヴィンチがこの色を好んで使ったといわれている。

　さらに、コバルト化合物は、青だけでなく、クロム同様に多彩な色を表現できる。塩化コバルトを水に溶かした場合、薄い溶液のときはピンク色で、コバルト濃度を濃くすると紫から青、そして深青へと変化していく。こうした多彩な呈色は、コバルト化合物がいろいろな構造（錯体）をとることに関係する。

◉ 殺菌効果がある同位体

　コバルトの同位体*で重要な役割を持つのが、^{60}Coである。^{60}Coは、原子炉中で中性子照射することで得られ、ニッケル（^{60}Ni）へと崩壊する。その際に放出するγ線は極めて透過性が高く、医療分野での放射線療法や食品保存のための照射用などに利用されている。食品への照射は、微生物の駆除や、病原体となる有害な細菌類を殺す効果がある。しかし、放射線を使っているため食物に対する安全性が問題視されており、国によっては禁止されていることもある。ちなみに日本では、ジャガイモにのみ利用されている。

Element Girls

28 Ni

コイン大好き、貯金大好きなおてんばガール

ニッケル　Nickel

元素名の由来：銅鉱に似たニッケル鉱を、ドイツの鉱夫たちが「悪魔の銅 (Kupfernickel)」と呼んでいたことに由来する

「このお金は誰にも渡さないよ〜だ！」

★ TRIVIA ★
三洋電機から発売されたニッケル水素電池「エネループ」は、千回もの充電ができるうえ、継ぎ足し充電も可能である。

SPEC

原子量	58.6934	融点 1453℃	沸点 2732℃
密度	7780kg/m³(液体)、8908kg/m³(固体)	原子価 2,(3),(4)	存在度 地表：105ppm 宇宙：4.93×10^4

主な同位体：^{56}Ni(EC, β^+, 6.10日)、^{57}Ni(EC, 36.1時間)、^{58}Ni(68.0769%)、^{59}Ni(EC, β^+, 7.5×10^4年)、^{60}Ni(26.2231%)、^{61}Ni(1.1399%)、^{62}Ni(3.6345%)、^{63}Ni(β^-, 100.1年)、^{64}Ni(0.9256%)、^{65}Ni(β^-, 2.520時間)、^{66}Ni(β^-, 2.275日)

illustration by 粟浜洋子

| 電子構造図 | [Ar](3d)8(4s)2 | 利用例 |

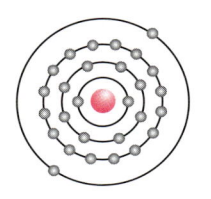

[135/121]

5セント硬貨

発見年	1751年（発見）、1754年（単離）
発見者	アクセル・フレドリク・クローンステッド（スウェーデン：1751年）、トルベリ・ベルマン（スウェーデン：1754年）
存在形態	ペントランド鉱や紅砒ニッケル鉱、隕石などに含まれる。
利用例	ステンレス鋼（Ni-Fe合金）、形状記憶合金、ニクロム線、ニッカド電池（Ni-Cd）、5セント硬貨、テレビのシャドウマスク

磁石を近づけると自分も磁石になる！

　ニッケルは硬い銀白色の延性に富む金属で、鉄、コバルトとともに**鉄族元素**と呼ばれる。**鉄族元素**であるニッケルは、電磁石に近づけるとニッケル自身も磁石の性質を示し、電磁石を離しても磁気が残る。これを**強磁性**という。**強磁性**に対し、電磁石を離すと磁気が消える性質は**常磁性**と呼ばれる。また、ニッケルは温度が385℃になると、強磁性の性質を失う。この温度は**キュリー温度**と呼ばれている。

厄介者とされた元素

　ドイツ語でクッフェルニッケル（悪魔の銅）と呼ばれる鉱石は、昔から銅を含んだ鉱石といわれていたが、全く銅を抽出することができなかったため、ドイツの鉱夫たちに"厄介者"といわれていた。1751年、スウェーデン冶金学者クローンステッドは、銅を抽出するために、クッフェルニッケルの表面を覆う結晶から得た酸化物を還元する実験を行った。すると、そこから白い金属を発見し、新元素ニッケルが明らかとなった。

　ニッケルと銅の合金は、主に硬貨に使われている。アメリカの5セント硬貨は通称「ニッケル」と呼ばれており、銅とニッケルの合金で作られている。日本の100円、50円硬貨も同様である。そのほかの合金に、ニッケルチタン合金がある。これはニッケルとチタンの割合が1：1のもので、変形させても一定温度以上に加熱すると元の形状に戻る性質を持っている。この性質を持った合金を**形状記憶合金**という。

Element Girls

29 Cu — 銅 Copper

ビリリッと電気を通し、筋も通す粋な元素

元素名の由来：ラテン語の「銅(cuprum)」の語源は、銅の産地キプロス島に由来する

> アンタの
> とこまで
> 電気を
> 運ぶよッ！

★ TRIVIA ★

絨毯やマットには、銅を織り込んだものがある。これにより静電気の発生を抑えられるため、ホテルのロビーなどで使用されている。

SPEC

原子量	63.546	融点	1083.4℃	沸点	2567℃
密度	7940kg/m³（液体）、8920kg/m³（固体）	原子価	1,2	存在度	地表：75ppm　宇宙：522

主な同位体：^{61}Cu(EC、β^+、3.408 時間)、^{62}Cu(EC、β^+、9.74 分)、^{63}Cu(69.17％)、^{64}Cu(β^-、EC、β^+、12.701 時間)、^{65}Cu(30.83％)、^{66}Cu(β^-、5.10 分)、^{67}Cu(β^-、61.9 時間)

illustration by 元電

| 電子構造図 | [Ar](3d)₁₀(4s)₁ | 利用例 |

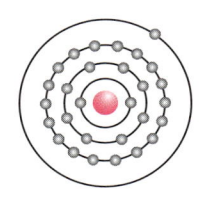

[135/138]

10円玉

発見年	古代から知られる
発見者	古代から知られる
存在形態	自然銅として存在するが、黄銅鉱や赤銅鉱、四面銅鉱として産出する。エビやタコ、イカの血液の主成分であるヘモシアニンに多く含まれ、アーモンド・胡桃などのナッツ類にも含まれる。
利用例	硬貨、電線、銅像、青銅

人類の進歩となった元素

　銅は、橙黄色の金属で延性と展性に富み、銀の次に電気伝導率が大きい。これは電子構造をほかと比較するとわかるとおり、3d軌道が10個全部埋まっていることに関係し、銀や金も同じ理由で電導性が高い。

　人類と銅の関わりは古く、1万年以上昔の北イラクの遺跡から自然銅を利用した銅製のビーズが発掘されている。しばらくすると、銅よりもはるかに硬く、研磨や鋳造・圧延などの加工が可能な青銅（銅とスズの合金）が広く使われるようになった。そして銅は、鉄が普及するまでの青銅器時代には、最も広く利用されていた金属となった。

硬貨に使われる身近な存在

　現在、私達の身の回りで使われている銅といえば、硬貨である。10円硬貨に青銅が使われているのは有名だが、1円玉以外のすべての日本硬貨にも銅が使用されている。硬貨に銅が使われているのは、銅には耐食性があり、さまざまな金属と強い合金になるだけでなく、安価で手に入るからである。しかし近年では、2008年の北京オリンピックでのインフラ（福祉と経済の発展に必要な公共施設）整備によって、銅の価格沸騰が起こっている。また、銅は生体内においても必須な元素で、主に酸素を運ぶヘモグロビンを合成するのに不可欠である。しかし、過剰摂取は毒性となり、銅化合物（例えば緑青）を大量に口にすると直ちに嘔吐が始まるため、過剰摂取には注意が必要である。

Element Girls

30 Zn

生命の成長剤だけど、過剰摂取は禁物！

亜鉛　　　　　　　　　　Zinc

元素名の由来　亜鉛が炉の底に涼むときの形が、「フォークの先部分(Zinken)」に似ていることに由来する

> 摂取しないとどうなっても知らないよ

★ TRIVIA ★

亜鉛は、アルミニウムやスズと同じ両性元素である。両性元素とは酸とアルカリの両方に反応して溶解する元素のことを指す。

SPEC

原子量	65.409	融点	419.53℃	沸点	907℃
密度	7134kg/m³	原子価	2	存在度	地表：80ppm　宇宙：1260

主な同位体　^{62}Zn(EC、β^+、9.26 時間)、^{63}Zn(EC、β^+、38.1 分)、^{64}Zn(48.63%)、^{65}Zn(EC、β^+、244.1 日)、^{66}Zn(27.90%)、^{67}Zn(4.10%)、^{68}Zn(18.75%)、^{69m}Zn(IT、β^-、13.76 時間)、^{69}Zn(β^-、55.6 分)、^{70}Zn(0.62%)

illustration by 中山かつみ

電子構造図 [Ar](3d)₁₀(4s)₂

利用例

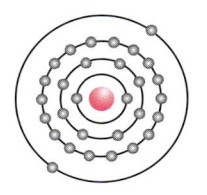

[135/131]

トタン

発見年	1746年
発見者	アンドレアス・マルクグラーフ（ドイツ）
存在形態	閃亜鉛鉱、ウルツ鉱、菱亜鉛鉱などの鉱物に含まれる。
利用例	真ちゅう（ブラス）、トタン（亜鉛メッキ）、青色発光ダイオード（酸化亜鉛 ZnO）、化粧品（ZnO）

●生命に必要な成長剤！

　亜鉛は青みがかった白色の金属で、古くから知られる元素である。1746年にマルクグラーフによって亜鉛の単離に成功してからは、大規模な亜鉛の工業生産が行われるようになった。人や動物、植物にとっても亜鉛は必須な元素で、酵素やタンパク質を構成する成分である。亜鉛を含む酵素は、成長や発育、受精能力などの調整を行うもので、中でも炭酸脱水酵素が重要な役割を持つ。これが機能しなくなると、体内に溜まった炭酸イオンを放出することができなくなってしまうのだ。近年、精力強化剤として亜鉛のサプリメントも利用されているが、過剰摂取すると痙攣や下痢、発熱など人体に悪影響を及ぼすこともあるので、注意が必要である。

●鉄を守る役割＆次世代の青色発光ダイオード

　亜鉛が利用されているものに、鉄と亜鉛の合金を利用したトタン屋根がある。トタン屋根は、長時間風雨に耐えることができる鋼板であるが、これは亜鉛が鉄よりもイオンになりやすい性質（**イオン化傾向**）を利用している。鉄が酸化する前に表面の亜鉛が溶けて凹になることによって、内部の鉄を守ってくれるのだ。しかも、亜鉛は酸化しても白色なので、それほど目立たない。そのほかには、酸化亜鉛を使った**青色発光ダイオード**が近年注目を浴びている。従来の窒化ガリウムを使用したものに比べコストが10分の1で済み、次世代の**青色発光ダイオード**の原料として大いに期待されている。

Element Girls

31 Ga

LEDフルカラー表示のトップアイドル
ガリウム — Gallium

元素名の由来　発見者ボアボードランの母国、フランスの古名「Gallia」に由来する

> ディスプレイの歴史に私あり！

★ TRIVIA ★
ガリウムは融点が約28℃と低く、手で握るだけで溶けてしまうが、沸点は約2400℃と高いため、液体としての存在範囲が広い。

SPEC

原子量	69.723	融点	27.78℃	沸点	2403℃
密度	6113.6kg/m³（液体）、5904kg/m³（固体）	原子価	2,3	存在度	地表：18ppm　宇宙：37.8

主な同位体　^{66}Ga（EC、β^+、9.49 時間）、^{67}Ga（EC、78.3 時間）、^{68}Ga（EC、β^+、68.1 分）、^{69}Ga（60.108%）、^{70}Ga（β^-、EC、21.15 分）、^{71}Ga（39.892%）、^{72}Ga（β^-、14.10 時間）

illustration by 鍋島テツヒロ

電子構造図　[Ar](3d)₁₀(4s)₂(4p)₁

[130/126]

利用例

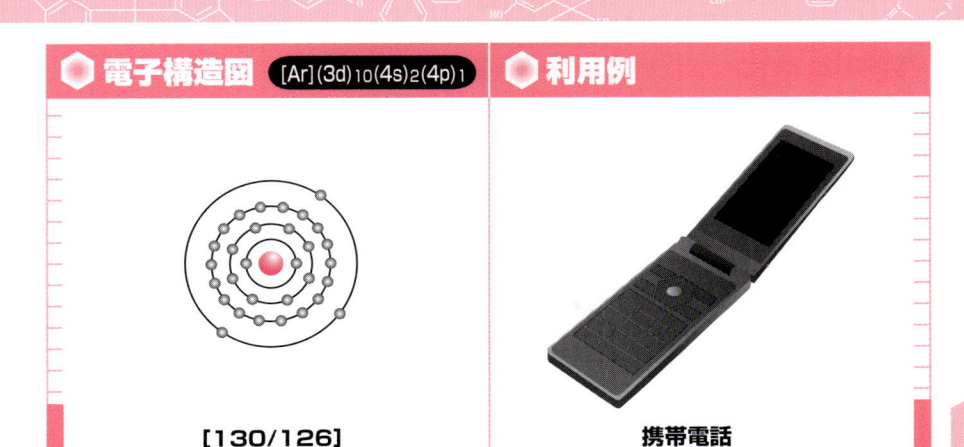

携帯電話

発見年	1875年
発見者	ポール・ボアボードラン（フランス）
存在形態	ボーキサイト、ゲルマン鉱、閃亜鉛鉱に含まれる。
利用例	スーパーコンピュータ、携帯電話、電子機器、青色発光ダイオードの材料

⬢ 周期表の信憑性を決定付けた！

　1870年、当時は元素を原子量順に並べ分類していたものを周期表としていたが、ロシアの化学者メンデレーエフは、性質が似た元素を縦に並べて周期表を作成した。このとき発見されている元素は65種であったため、周期表には多くの空欄があり、メンデレーエフはこの空欄に未発見の元素が入ると考えた。さらに、空欄に入る元素の性質を予言したのである。

　1875年、ボアボードランが閃亜鉛鉱をスペクトル*分析中に未知のスペクトルを発見した。これを単離して得た元素がガリウムである。性質を分析するとメンデレーエフの予言した空欄の元素と一致し、周期表の信憑性を高めることになった。その後1879年にスカンジウム（$_{21}$Sc）、1886年にゲルマニウム（$_{32}$Ge）と空欄の元素が発見され、メンデレーエフの周期表の信憑性は疑いのないものになったのである。

⬢ LEDの青色を可能にした

　工業的にはヒ素やリンとの化合物半導体*として利用されるほか、青色のLED（発光ダイオード）に使用される。LEDは1993年に、電子工学者の中村修二が窒化ガリウム（GaN）を主成分に青LEDを開発するまで、赤や緑を用いていた。青LEDの誕生により光の三原色（赤、青、緑）が揃い、これまで作ることのできなかった色を表現できるようになり、現在では大型ディスプレイのフルカラー表示などを可能にし、最新の薄型液晶テレビにも利用されている。

Element Girls

32 Ge 健康的なイメージ、でも実際は？
ゲルマニウム　　Germanium

元素名の由来　発見者ヴィンクラーの母国ドイツの古名でラテン語の(Germania)に由来する

> ヘルシーキャラでがんばります♥

★ TRIVIA ★

発見者のヴィンクラーは、当初ゲルマニウムは非金属と考えていたが、実際はメンデレーエフが「エカケイ素」と予言した金属であった。

SPEC

原子量	72.64	融点	937.4℃	沸点	2830℃
密度	5323kg/m³	原子価	2,4	存在度	地表：1.8ppm　宇宙：119

主な同位体　^{68}Ge(EC、270.8 日)、^{69}Ge(EC、β^+、39.0 時間)、^{70}Ge(20.84%)、^{71}Ge(EC、11.15 日)、^{72}Ge(27.54%)、^{73}Ge(7.8%)、^{74}Ge(36.28%)、^{75}Ge(β^-、82.78 分)、^{76}Ge(7.61%)、^{77m}Ge(β^-、IT、52.9 秒)、^{77}Ge(β^-、11.30 時間)

illustration by 久保わこ

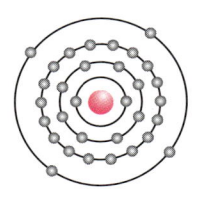

電子構造図 [Ar](3d)₁₀(4s)₂(4p)₂

[125/122]

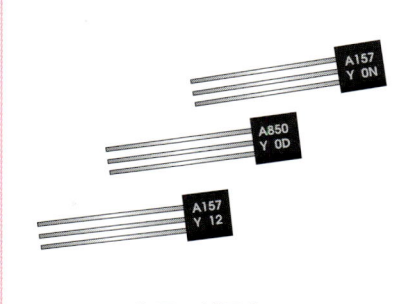

利用例

トランジスタ

発見年	1886年
発見者	クレメンス・ヴィンクラー（ドイツ）
存在形態	ゲルマン鉱、閃亜鉛鉱などに含まれる。
利用例	トランジスタ、光ダイオード、赤外線レンズ、健康食品

◆ 電子材料として期待を集めた

　1886年、ドイツのヴィンクラーが銀鉱石アルジロダイト（Ag_8GeS_6）からゲルマニウムを単離することに成功した。ゲルマニウムは、半導体＊など電子機器の要(かなめ)になる元素と考えられ、固体物質中最高の純度（99.99999999999％：イレブンナイン）まで高められるなど、大きな期待を集めた。しかしその後、ケイ素の方が素子の温度特性でゲルマニウムに勝ることが判明し、現在ではケイ素が電子機器の要を担っている。だが、全く使われなくなったわけではなく、近年ケイ素に対し少量のゲルマニウムを添加することで、消費電力を抑え電導性を高められることがわかり、半導体材料として使われている。このほかに、赤外線レンズや光ファイバーのコアなどにも用いられ、世界最初のトランジスタラジオ（ソニー製）にはゲルマニウムが使われていた。

◆ 健康に効くかは……

　1964年に、有機ゲルマニウム製剤に抗菌作用や抗腫瘍(しゅよう)作用があることが見出された。その後、化合物そのものの薬理作用が注目され、近年ゲルマニウムは健康食品の成分や健康グッズとして使われることが多い。しかし、健康に益するかどうかは、科学的に根拠のないこととされている。ゲルマニウムはニンニクや朝鮮人参といった、健康に効くとされている食品にも含まれていることから、適量ならば健康増進に効くかもしれない。

Element Girls

33 As
気付かれずに忍び寄る、仮面の暗殺者
ヒ素　Arsenic

元素名の由来　ギリシャ語の「強く毒を作用する(arsenikos)」という説や、「男性的、強い(assen)」という説など、諸説ある

> アタシは毒だけじゃないのよ……

★ TRIVIA ★
ヒ素はヨーロッパアルプスで発見された、紀元前3300年ごろの冷凍ミイラ「アイスマン」の髪の毛からも検出された。

SPEC

原子量	74.92160	融点	817℃ (ただし36.6気圧)	沸点	616℃ (常圧)
密度	5780kg/m³	原子価	3,5	存在度	地表：1.0ppm　宇宙：6.56

主な同位体　^{71}As(EC、β^+、64.8時間)、^{72}As(EC、β^+、26.0時間)、^{73}As(EC、80.30日)、^{74}As(β^-、EC、β^+、17.78日)、^{75}As(100%)、^{76}As(β^-、26.3時間)、^{77}As(β^-、38.83時間)

illustration by キョウシン

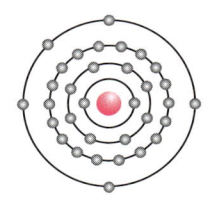

電子構造図　[Ar](3d)₁₀(4s)₂(4p)₃

[115/119]

利用例

発光ダイオード（赤）

発見年	1250年ごろ
発見者	アルベルトゥス・マグヌス（ドイツ）
存在形態	自然砒として存在するほか、硫砒鉄鉱、鶏冠石などに含まれる。ヒジキ、カキ、クルマエビなどの海産物にも含まれる。
利用例	ガリウム－ヒ素、インジウム－ヒ素などの半導体材料、携帯電話、発光ダイオード

ヒ素は毒だけではない

　ヒ素の発見は1250年、ドイツの錬金術師マグヌスが硫化ヒ素（As_2S_3）を石鹸と熱して単離したのが初とされているが、確証はない。ヒ素が発見されてから、元素と認知される前までは、性質が水銀の原鉱と似ていたため、水銀の一部とされていた。

　ヒ素は毒として知られているが、1910年に有機ヒ素化合物のサルバルサンは、当時、難病とされていた梅毒の治療薬として使用された。現在ではガリウムヒ素として高速通信用の半導体*素子の材料に用いられるほか、赤色のLED（発光ダイオード）にも使用されている。また、ヒジキやクルマエビなどの海産物に、無毒な形で含まれる。

古くから使われる毒

　ヒ素化合物は古くから毒として使われ、西洋ではルネサンス時代のローマ教皇、アレクサンデル6世が、ヒ素入りワインを使い政敵を暗殺したといわれている。東洋では14世紀に書かれた『水滸伝』に登場し、日本では1825年に江戸中村座で初演された『東海道四谷怪談』でお岩さんに盛られた毒（亜ヒ酸〈三酸化二ヒ素 As_2O_3 の水溶液〉）として知られている。

　近年でもヒ素の毒に関する事件はたびたび起きている。1955年に粉ミルクに不純物として入っていたヒ素が原因で、乳児130人以上の死者が出た森永ヒ素ミルク事件、1998年に起きた和歌山ヒ素カレー事件などがある。

Element Girls

34 Se キミが必要だ！でも頼りすぎはダメ！
セレン　Selenium

元素名の由来　ギリシャの月の女神「セレーネ(Selene)」に由来する

> もう、生活習慣病には注意しなさいよー

★ TRIVIA ★
セレンが発見当時テルルと間違われた理由のひとつに、においがある。セレンは炎で熱すると、テルルに似たにおいを発するのである。

SPEC
原子量	78.96	融点	217℃	沸点	684.9℃
密度	4790kg/m³	原子価	2,4,6	存在度	地表：0.05ppm　宇宙：62.1

主な同位体　^{72}Se(EC、8.40 日)、^{74}Se(0.89%)、^{75}Se(EC、119.77 日)、^{76}Se(9.37%)、^{77m}Se(IT、17.45 秒)、^{77}Se(7.63%)、^{78}Se(23.77%)、^{80}Se(49.61%)、^{82}Se(8.73%)

illustration by 鈴眼依庭

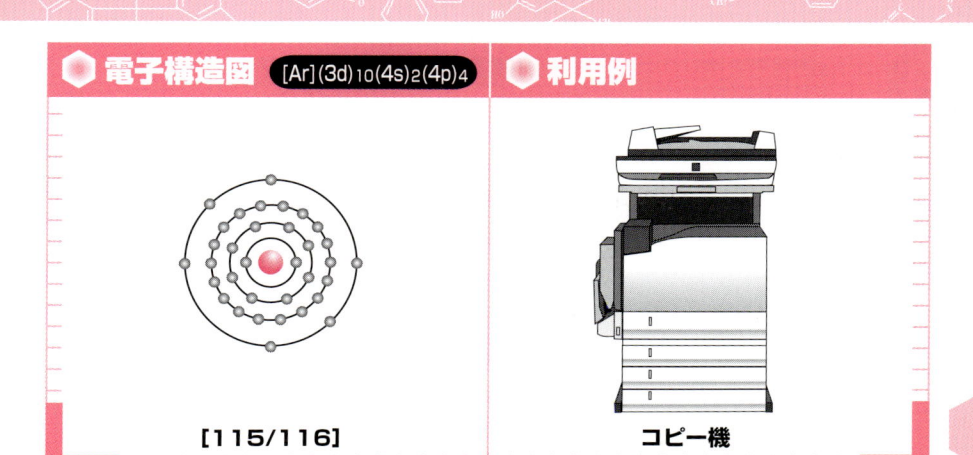

電子構造図 [Ar](3d)₁₀(4s)₂(4p)₄

[115/116]

利用例

コピー機

発見年	1817年
発見者	イェンス・ヤコブ・ベルセリウス、ヨハン・ゴドリーブ・ガーン（ともにスウェーデン）
存在形態	自然セレンとして存在するほか、硫黄の鉱石にともなって産出される。
利用例	コピー機、ふけ止めシャンプー、酸化剤（二酸化セレン）、カメラの撮像管

◎光とセレンの関係

　1817年、ベリセリウスとガーンは硫酸の中にテルルに似た元素を発見する。テルルと間違えるほど似ていたその元素は、地球の意味を持つテルルに対して、月の意味を持つセレンと名付けられた。
　セレンは光伝導性と呼ばれる、光によって電気が流れるようになるという性質を持っている。この性質を利用してコピー機などに使用されている。まず、コピー機のドラムという部分に塗られたセレンを帯電させる。この帯電している部分に、原稿をコピーする際の反射光が当たることによって、光の当たった部分だけ伝導体*となる（帯電ではなくなる）。文字の部分は反射しないので、光の当たらない箇所だけ帯電のまま残り、そこがトナーを吸い寄せ印刷されるのである。

◎取りすぎに注意！

　セレンは人体の必須元素である。適量（0.03～0.1mg）のセレンを摂取することによって、生活習慣病の予防になり、人体に有害な金属物質をブロックする効果がある。だが、不足すると貧血や高血圧のほか、がんの原因にもなり、逆に摂取しすぎてしまうと中毒症状を起こし死に至ることもある。また、環境にも悪く、法律で排出制限されている。発見者の一人ベリセリウスは、セレン化水素を実験中に吸ってしまい、意識不明になったといわれている。

Element Girls

35 Br

においよりも、重要なことがある！

臭素　　　　　　　　Bromine

元素名の由来　ギリシャ語の「臭い(bromos)」に由来する

> ん？スクープのにおいみたいな？

★ TRIVIA ★

19世紀には、臭化物が医薬品として使われていた。例として興奮性の精神病治療薬や鎮静剤などがあった。しかし、毒性のため現在はほぼ使われていない。

SPEC

原子量	79.904	融　点	-7.2℃	沸　点	58.78℃
密　度	7.59kg/m³（気体）、3122.6kg/m³（液体）		原子価	1,3,5,7	存在度　地表：0.37ppm　宇宙：11.8

主な同位体　^{77}Br(EC, β^+、57.036 時間)、^{79}Br(50.69％)、^{80m}Br(IT、4.42 時間)、^{80}Br(β^-、EC, β^+、17.68 分)、^{81}Br(49.31％)、^{82}Br(β^-、35.30 時間)

illustration by 西川淳

| 電子構造図 | [Ar](3d)₁₀(4s)₂(4p)₅ | 利用例 |

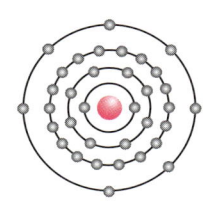

[115/114]

写真感光剤

発見年	1825年（発表は1826年）
発見者	アントワーヌ・ジェローム・バラール（フランス）
存在形態	海水中のイオン、臭銀鉱、巻貝などに含まれる。
利用例	写真感光剤、紫の染料

ブロマイドの名の由来

　臭素は、その名の示すとおり、実際に刺激臭のする液体である。この元素の発見者はバラールとされているが、元素の発見を先に発表した(1826年)のがバラールであり、実際に発見したのはドイツの大学生レーヴィッヒの方が早かったといわれている。臭素は、非金属元素のうち、唯一常温で液体として存在する。

　近年では聞かなくなったが、昭和のころは女優やアイドルの写真をブロマイドと呼んだ。これは、写真のフィルムに感光剤として、臭化銀、英語名でシルバーブロマイドが使われていたことからきている。また、「臭素」の英語名である「Bromine」は、カタカナ表記でブロムと呼ばれる。

高級な染料に含まれる

　臭素は海水中に臭素イオンとして含まれるほか、紫貝などの巻貝にも含まれている。貝から抽出される紫の染料は、ジブロモインジゴという臭素を含んだ有機物である。

　また、地中海で取れる巻貝から抽出される染料は、チリアンパープルと呼ばれる、8000匹の貝からわずか1gしか得ることのできない、非常に高価な染料である。エジプト中王国時代の女王クレオパトラ七世の旗艦の帆もこの紫に染められていたといわれ、旧約聖書にも登場するため、古くから用いられていることがわかる。日本では、佐賀県神埼郡の吉野ヶ里遺跡で発見された弥生時代の布から、この染料が検出されている。

Element Girls

36 Kr — 誰に言われることなく照らし続ける

クリプトン / Krypton

元素名の由来：ギリシャ語の「隠されたもの（kryptos）」に由来する

> あなたの未来はいつまでも私が照らすから……

★ TRIVIA ★

不活性ガスの研究が進み、クリプトンも化合物を作ることが判明した。そのため、名実ともに不活性ガスなのはヘリウムとネオンのみである。

─ SPEC ─

原子量	83.798	融点	-156.66℃	沸点	-152.3℃
密度	3.7493kg/m³(気体)、2410kg/m³(液体)、2823kg/m³(固体)		原子価	—	存在度 地表：— 宇宙：45

主な同位体：^{78}Kr(0.35%)、^{79}Kr(EC、β^+、35.0 時間)、^{80}Kr(2.28%)、^{81m}Kr(IT、β^-、13 秒)、^{81}Kr(EC、2.10×10^5 年)、^{82}Kr(11.58%)、^{83m}Kr(IT、1.86 時間)、^{83}Kr(11.49%)、^{84}Kr(57.00%)、^{85m}Kr(β^-、IT、4.480 時間)、^{85}Kr(β^-、10.72 年)、^{86}Kr(17.30%)

illustration by 大吉

| 電子構造図 | [Ar](3d)10(4s)2(4p)6 | 利用例 |

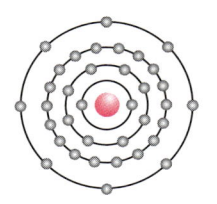

[--/110]

クリプトンランプ

- 発見年　1898年
- 発見者　ウィリアム・ラムゼー、モーリス・トラバース（ともにイギリス）
- 存在形態　空気中の0.0001%（体積比）を占める
- 利用例　自動車のクリプトン球、高速度撮影のフラッシュ、ストロボ

◆発見が困難であった元素

　ヘリウムとアルゴンを発見したラムゼーとトラバースは、その二つの原子量4と40の間に位置する希ガス元素を探し始めた。1898年、彼らは少量の液体空気を、赤熱した銅とマグネシウムに通しながら蒸留し、緑色の新たな元素を発見した。この緑色の元素は、ほかの希ガス元素に比べて発見が困難であったことから、ギリシャ語の「隠されたもの」にちなんでクリプトンと名付けられた。

　クリプトンは空気中に存在し体積比0.0001%を占める。また、アルゴンやネオンなどと同じ**希ガス（不活性ガス）***であり、ほかの元素と反応をしないことから不活性と呼ばれる。しかし、研究が進むに従い、特別な環境下において、**不活性ガス**もほかの元素と反応を示すことが発見された。1963年にはクリプトンがフッ素と反応することが発見され、近年では、2000年にアルゴンもフッ素と反応することが報告されたのである。

◆ランプが長持ち！

　工業的なクリプトンの用途としては、クリプトンランプがある。**不活性ガス**のままクリプトンを電球の中に封入することで、フィラメントの昇華を防ぎ長持ちさせることができるのである。通常の電球に封入されているアルゴンよりも、クリプトンの方がランプ効率（発光効率）が良いといわれている。また、ガスを封入せずフィラメントを真空中に置いた真空電球では、昇華が速いため電球の寿命が短くなってしまうのだ。

Element Girls

37 Rb
地球誕生からの時を刻み記す
ルビジウム　　　Rubidium

元素名の由来　ラテン語の「赤(rubidus)」に由来する

> 時間をごまかすなんて不可能です

★ TRIVIA ★

ブンゼンバーナーの炎は、空気流入口からの空気の取り込み量によって変化する。量が少ないとオレンジ色の炎になり、量を増やすと無色へ変化する。

SPEC

原子量	85.4678	融点 39.31℃	沸点 688℃		
密度	1475kg/m³(液体)、1532kg/m³(固体)	原子価 1	存在度 地表：32ppm　宇宙：7.09		

主な同位体　^{81m}Rb(IT、EC、β^+、30.6分)、^{81}Rb(4.58%、EC、β^+)、^{82}Rb(EC、β^+、1.273分)、^{83}Rb(EC、86.2日)、^{84}Rb(β^-、EC、β^+、32.87日)、^{85}Rb(72.17%)、^{86}Rb(β^-、EC、18.66日)、^{87}Rb(27.83%、β^-、4.80×10^{10}年)、^{88}Rb(β^-、17.8分)

illustration by 大槻満奈

| 電子構造図 | [Kr](5s)1 | 利用例 |

[235/211]

ブンゼンバーナー

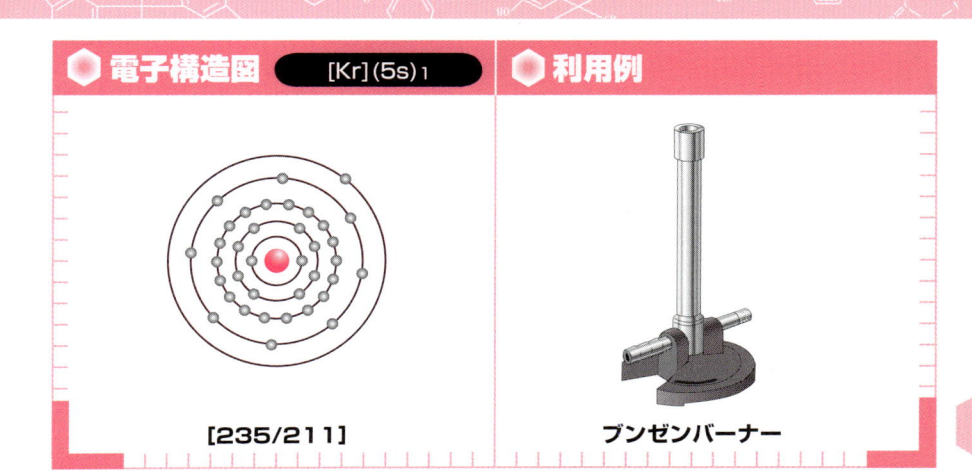

発見年	1861年
発見者	ローベルト・ブンゼン、グスターブ・キルヒホッフ（ともにドイツ）
存在形態	リチア雲母、カーナル石、ポルクス石などの鉱物に含まれる。
利用例	真空管に残った酸素を取り除くゲッター、ルビジウム発振器、原子時計、ブンゼンバーナー

ルビーが由来の赤い元素

　ルビジウムは、ブンゼンとキルヒホッフが紅雲母を分光分析しているときに発見した、暗赤色の元素である。固体では白銀色だが、燃焼する際の炎の色は赤紫をしている。この発見により、無色炎のバーナーが開発されブンゼンバーナーと呼ばれており、化学の実験には欠かせない道具となっている。だが、開発者はブンゼンではなく、実際に初期設計したのはファラデーである。

時を知る元素

　ルビジウムで最もよく使われている同位体*は、放射性同位体 ^{87}Rb である。この ^{87}Rb は、α崩壊しストロンチウム（^{87}Sr）となるまでの半減期が約488億年と大変長い。この性質を利用することによって、地球が生まれた時代や、鉱石の年代測定が可能となっている。鉱石を例にあげると、鉱石内に生じた ^{87}Sr と安定同位体である ^{86}Sr との比を計算することで、年代を知ることができる。なお、年代測定方法はこのほかに、カリウム（$_{19}K$）・アルゴン（$_{18}Ar$）法や、ウラン系列法などがあり、測定の対象や年代によって使い分けられている。

　またルビジウムは原子時計にも使われており、NHKの時報やセシウム時計とともにGPS（Global Positioning System）に使われている。ルビジウム原子時計は、ほかの原子時計に比べると正確さに欠けるが、それでも3千から30万年で1秒程度のずれであり、ほかに比べ価格も安く小型化できることから重宝されている。

Element Girls

38 Sr

空を彩る赤い花、その裏の顔は……？

ストロンチウム / Strontium

元素名の由来：元素の発見地ストロンチアン（Strontian）に由来する

> 祭りの花火は私に任せなっ!!

★ TRIVIA ★

ストロンチウムの単離に成功したのはデービーであるが、最初に新元素の可能性があるとしてストロンチアン石を研究したのは、クロフォードである。

SPEC

原子量	87.62	融点	769℃	沸点	1384℃
密度	2540kg/m³	原子価	2	存在度	地表：260ppm　宇宙：23.5

主な同位体：^{82}Sr（EC、25.55 日）、^{83}Sr（β^+、EC、32.41 時間）、^{84}Sr（0.56%）、^{85}Sr（EC、64.84 日）、^{86}Sr（9.86%）、^{87m}Sr（IT、EC、2.795 時間）、^{87}Sr（7.00%）、^{88}Sr（82.58%）、^{89}Sr（β^-、50.55 日）、^{90}Sr（β^-、28.5 年）

illustration by sango

電子構造図 [Kr](5s)₂

[200/192]

利用例

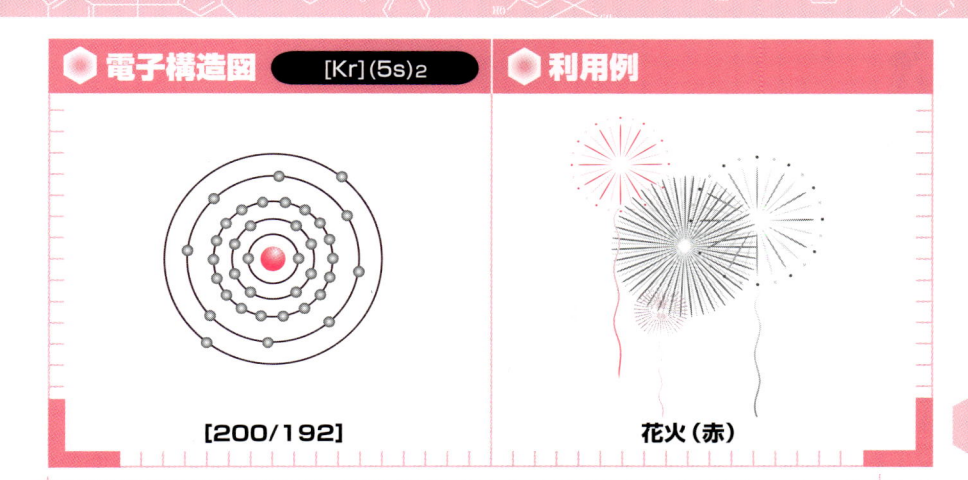

花火（赤）

発見年	1808年（単離）
発見者	ハンフリー・デービー（イギリス）
存在形態	ストロンチアン石や青天石などに含まれる。
利用例	花火の赤色部分、警戒用信号灯、テレビのブラウン管、コンピュータのディスプレイに使用するガラスの原料

放射能元素に注意

　1808年にデービーがストロンチアン石から電気分解＊によってストロンチウムの単離に成功した。自然に存在するストロンチウムは人体にとって有害ではないが、人工的に作られる ^{90}Sr は放射性元素であり、人体にとって有害である。1986年に起きた旧ソ連の**チェルノブイリ原発事故**＊では、^{90}Sr を含む放射能が放出された。^{90}Sr の半減期は約29年と長く、長期にわたる土壌汚染が問題視されたが、現在の原発跡は自然もだいぶ回復し、事故直後は姿を消していた動物達も戻ってきている。これは、動物と人間では放射線に対する耐性の違いがあり、動物の方が優れているため、この地に戻ることができたのではないかといわれている。

鮮やかな赤い炎のストロンチウム

　花火の鮮紅色にはストロンチウムの化合物、塩化ストロンチウム（$SrCl_2$）や硝酸ストロンチウム（$SrNO_3$）などが用いられている。これは炎色反応を利用したもので、ほかの物質では、ナトリウム（$_{11}$Na）が黄色、セシウム（$_{55}$Cs）が青紫色、カルシウム（$_{20}$Ca）が橙色、バリウム（$_{56}$Ba）が緑色、リチウム（$_3$Li）が真紅、カリウム（$_{19}$K）が紫、ラジウム（$_{88}$Ra）が洋紅色というように、物質ごとにさまざまな炎色反応がある。

　また、^{90}Sr は毒性の強い放射性核種であるが、ほかのストロンチウムは医療にも使われる。中でも ^{89}Sr は骨腫瘍の治療に用いられている。

Element Girls

39 Y アナタを焦がして癒すレーザービーム
イットリウム　Yttrium

元素名の由来　発見された土地の名前である、スウェーデンの鉱山町イッテルビー（Ytterby）に由来する

> レーザーが好きだってイッテルビー

★ TRIVIA ★

展性・延性はなく、空気中では容易に表面が酸化される。酸には溶けるが、アルカリには溶けにくい性質である。

SPEC

原子量	88.90585	融点	1522℃	沸点	3338℃
密度	4470kg/m³	原子価	3	存在度	地表：20ppm　宇宙：4.64

主な同位体　^{87}Y(EC、β^+、80.3 時間)、^{88}Y(EC、β^+、106.61 日)、^{89}Y(100%)、^{90}Y(β^-、64.1 時間)、^{91}Y(β^-、58.51 日)

illustration by spaike77

| 電子構造図 | [Kr](4d)₁(5s)₂ | 利用例 |

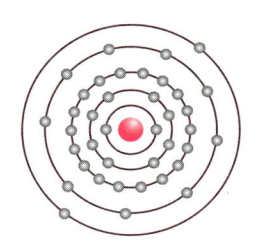

[180/162]

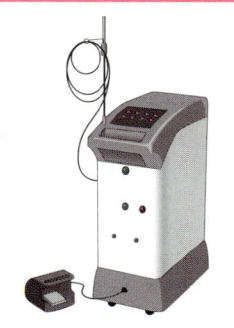

YAGレーザー

発見年	1794年（酸化物として発見）、1843年（単離）
発見者	ヨハン・ガドリン（フィンランド：1794年）、カール・グスタフ・ムーサンデル（スウェーデン：1843年）
存在形態	モナズ石（Monazite）、ゼノタイム（Xentime）、バストネス石（Bastnaesite）などの鉱物に含まれる。
利用例	レーザー材料、永久磁石、蛍光体、カメラレンズ、酸化物超伝導体

希土類元素の歴史のはじまり

　イットリウムは、1794年に発見された最初の**希土類元素***である。軟らかい銀白色の金属で、空気中では酸化物の保護膜が生じるため安定しているが、火を点けると燃える性質を持つ。

　ストックホルム近郊の村イッテルビーで採取された新種の鉱物をフィンランドの化学者ガドリンが分析し、そこから未知の元素（イットリウム）の酸化物イットリアを発見した。当初、イットリアは1種類の化合物だと考えられていたが、後に多数の**希土類元素**が含まれていることが判明した。純粋なイットリウムの単離に成功したのは、発見から約50年後の1843年、スウェーデンの鉱物学者ムーサンデルによるものだった。イッテルビーの村は、イットリウムに加え、テルビウム、イッテルビウム、エルビウムの4つの元素が発見された町として有名である。

レーザーの代表格

　近年、レーザー技術の発達によりイットリウムが注目を浴びている。固体レーザーの代表格**YAGレーザー**は、イットリウム（Yttrium）・アルミニウム（Aluminium）・ガーネット（Garnet）の酸化物が使われている。**YAGレーザー**は、効率よく大きな出力を得ることができる固体レーザーとして、溶接、磁気ヘッド、レーザー治療など、多分野に渡って利用されている。

Element Girls

40 Zr セラミックスで何でも作るクリエイター娘！
ジルコニウム　Zirconium

元素名の由来　宝石のジルコンに由来し、その語源はアラビア語の「金(zar)」＋「色(qun)」で、金色を意味する

> ダイヤモンドだって作れるよ！

★ TRIVIA ★

金属ジルコニウムは、合金材料や写真用フラッシュバルブ（一瞬だけ発光する写真撮影用の照明）にも利用されている。

SPEC

原子量	91.224	融点	1852℃	沸点	4377℃
密度	6506kg/m^3	原子価	(2),(3),4	存在度	地表：100ppm　宇宙：11.4

主な同位体　^{89}Zr(β^+、EC、78.43 時間)、^{90}Zr(51.45%)、^{91}Zr(11.22%)、^{92}Zr(17.15%)、^{93}Zr(β^-、1.53×10^6 年)、^{94}Zr(17.38%)、^{95}Zr(β^-、64.02 日)、^{96}Zr(2.80%、>4×10^{17} 年)、^{97}Zr(β^-、16.90 時間)

illustration by アザミユウコ

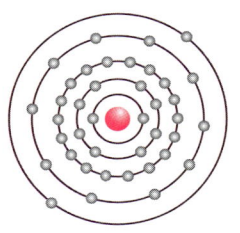

| 電子構造図 | [Kr](4d)2(5s)2 | 利用例 |

[155/148]　　　　セラミックス包丁

発見年	1789年（酸化物として発見）、1824年（単離）
発見者	マルティン・ハインリヒ・クラプロート（ドイツ：1789年）、イェンス・ヤコブ・ベルツェリウス（スウェーデン：1824年）
存在形態	ジルコン、バッデレイ石などの鉱物のほか、隕石や月の石にも含有するものがある。
利用例	原子炉の燃料棒、包丁、はさみ、スペースシャトルの先端、陶磁器の釉薬

●中性子を吸収しない金属元素

　ジルコニウムを含む鉱物は古代から知られていた。当時は"ヒヤシンス"や"ジャルゴン"などさまざまな名称で呼ばれていたが、その鉱物はアルミニウムの酸化物に似ていたため、新元素が含まれているとは誰も思わなかった。これが誤りだと判明したのは1789年、ドイツの化学者クラプロートによってであるが、彼はジルコニウムの単離には成功しなかった。

　ジルコニウムは、耐食性、吸着性、浸透性に富むことから、耐火物材料としてスペースシャトルの先端などに使われている。また、天然金属の中で最も中性子を吸収しにくい性質を持つことから、原子炉材料にも利用されている。原子炉は、中性子を利用して核分裂を起こさせるので、ジルコニウムのように耐熱性があり中性子を吸収しない性質が必要となる。実際、金属ジルコニウムの9割が、この原子炉の材料として使われている。

●包丁からダイヤモンドの模造品まで！

　ジルコニウムは金属だけでなく、酸化物の利用も多い。酸化物のジルコニアは融点が高いため、耐熱性セラミックスの原料として知られる。陶磁器はもちろんだが、金属色ではない白色のはさみや包丁、耐熱鍋などもセラミックスである。これに希土類元素*の酸化物やマグネシウムなどを添加すると、安定ジルコニアという立方晶や正方晶の結晶に変化する。特に立方晶のジルコニアはダイヤモンドに似ているため、模造品としても利用されている。

Element Girls

41 Nb — 強力な磁力で世を支配する元素魔道師！

ニオブ / Niobium

元素名の由来　元素タンタルから分離されて発見されたので、ギリシャ神話のタンタロスの娘「ニオベ（Niobe）」に由来する

> 超伝導の水晶で磁力を制す

★ TRIVIA ★

電解コンデンサの電極には、アルミやタンタルが主に利用されているが、ニオブもコンデンサの材料に使われることが多い。

SPEC

原子量	92.90638	融点	2468℃
沸点	4742℃		
密度	8570kg/m³	原子価	(1),(2),(3),4,5
存在度	地表：11ppm　宇宙：0.698		

主な同位体：^{90}Nb（EC、β^+、14.60 時間）、^{92m}Nb（EC、β^+、10.15 日）、^{93m}Nb（IT、13.6 年）、^{93}Nb（100％）、^{94}Nb（β^-、2.03×10⁴ 年）、^{95m}Nb（IT、β^-、86.6 時間）、^{95}Nb（β^-、34.97 日）、^{97}Nb（β^-、72.1 分）

illustration by 瑠璃石

電子構造図 [Kr](4d)4(5s)1

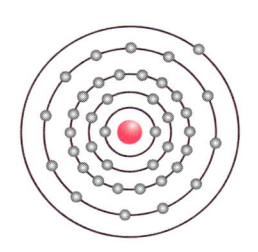

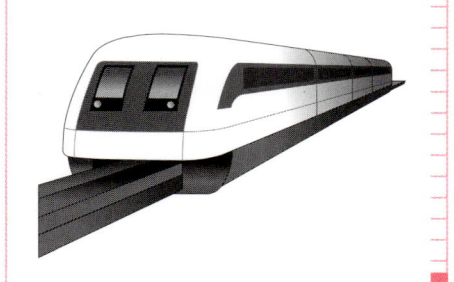

[145/137]

利用例

リニアモーターカー

発見年	1801年(酸化物として発見)、1846年(単離)
発見者	チャールズ・ハチェット(イギリス：1801年)、ハイリンヒ・ローゼ(ドイツ：1846年)
存在形態	コロンブ石(Columbite)という鉱物に含まれる。
利用例	リニアモーターカー、MRI

● コロンビウム？　タンタル？　それともニオブ？

　ニオブ発見の歴史は少し複雑である。1801年、イギリスの化学者ハチェットは、コロンブ鉱石の中から未知の元素が含まれることを発見し、これにコロンビウムと名付けた。翌年、スウェーデンで新元素タンタルが発見されたが、コロンビウムと性質が酷似していたため、コロンビウムとタンタルは同一元素だとみなされるようになった。しかし、1846年にドイツの化学者ローゼは、コロンビウムは純粋なものではなくタンタル酸化物が混ざっていることを発見し、改めて新金属を取り出した。これが新元素ニオブである。そして1865年、コロンビウムとニオブは同一物ということが確認され、新元素の発見者はハチェットとなった。その後イギリスではしばらくの間、ニオブをコロンビウムと呼んでいたが、1949年にニオブに統一され、現在に至る。

● 超伝導によって強力な磁石へ

　ニオブは、光沢のある鋼灰色の金属で、超伝導元素として昔から知られている。超伝導物質は、電磁石としての利用が最も有名である。普通の電磁石であれば、電流を流すと電気抵抗によって発熱するため、冷却材が必要となる。しかし超伝導物質であれば、電気抵抗がほとんどないため永久に電流を流し続けることができるのだ。さらに強い電力も流すことが可能で、強力な電磁石を作ることができる。この強力な電磁石は**超伝導磁石**と呼ばれ、リニアモーターカーの中核をなす存在である。

Element Girls

42 Mo

モリブデン Molybdenum

生物必須のエネルギーをせっせと作ります

元素名の由来　ギリシャ語の「鉛(molybdos)」に由来する

「モリブデン定食はいかがですか？」

★ TRIVIA ★

モリブデンを含むキサンチンオキシダーゼは、キサンチンという物質を酸化し尿酸を生成するが、強く作用すると痛風になりやすい。

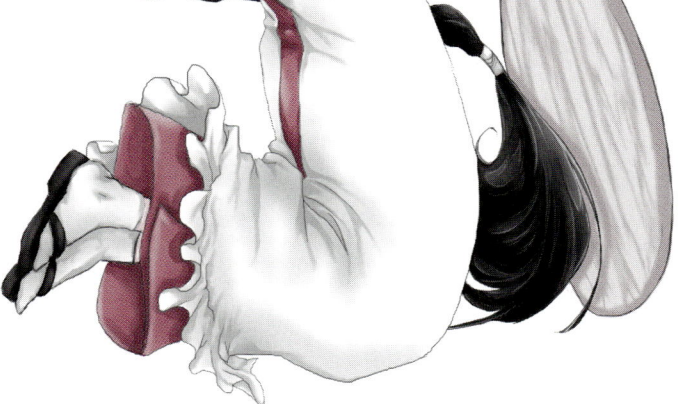

SPEC

原子量	95.94	融点	2617℃	沸点	4612℃	
密度	10220kg/m³	原子価	(0),2,3,4,5,6	存在度	地表：1000ppm	宇宙：2.55

主な同位体　^{92}Mo(14.84%)、^{94}Mo(9.25%)、^{95}Mo(15.92%)、^{96}Mo(16.68%)、^{97}Mo(9.55%)、^{98}Mo(24.13%)、^{99}Mo(β^-、65.94 時間)、^{100}Mo(9.63%)

illustration by フヅキリコ

電子構造図	[Kr](4d)₅(5s)₁

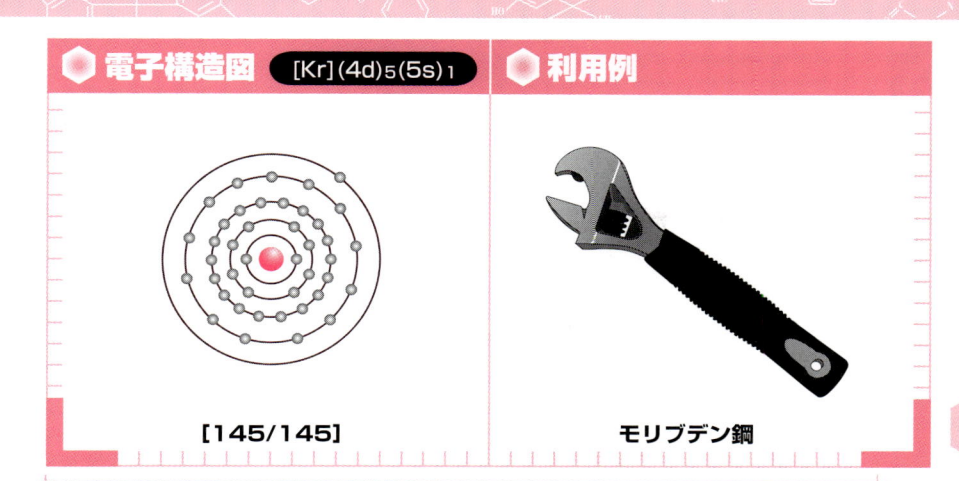

[145/145]

利用例: モリブデン鋼

発見年	1778年（酸化物として発見）、1782年（単離）
発見者	カール・ヴィルヘルム・シェーレ（スウェーデン：1778年）、ペーター・ヤコブ・イェルム（スウェーデン：1782年）
存在形態	輝水鉛鉱、モリブデン鉱に含まれる。
利用例	オイルの添加剤（MoS_2）、モリブデン鋼（合金）、ニトロゲナーゼ（モリブデン含有酵素）

鉛によく似た新元素

　モリブデンは銀白色の硬い金属で、天然のモリブデン鉱物（二硫化モリブデン）は黒鉛によく似ていることから、しばし混同された。1778年、スウェーデンの化学者シェーレはモリブデン鉱物が黒鉛とは別物であることを明らかにし、鉱物から新しい土類を分離してモリブデン土と名付けた。そして1782年、シェーレの友人イェルムによってモリブデン土から新金属モリブデンは単離されたのである。

人体にとって重要な酵素を担う！

　モリブデンはあらゆる生物に対して必須の元素で、含有する酵素は20種ほどある。中でも有名なのが、窒素固定作用を営むニトロゲナーゼで、大気中の窒素をアンモニアへ変えることができる。このほかのモリブデン含有酵素には、有害な亜硫酸イオンを酸化して無害な硫酸イオンに変えるサルファイトオキシダーゼ、有害なアルデヒドを酸化して、無害なカルボン酸にするアルデヒドオキシダーゼなどがある。アルデヒドオキシダーゼは、アルコール代謝にとって非常に重要な酵素であり、細胞のエネルギー源となる酢酸に変化させる役割を持っている。

　またモリブデン金属を鉄鋼に添加すると、強度や耐熱性、耐食性が増すため非常に重宝されている。特に、ステンレスとの合金であるモリブデン鋼は優れた特性を持ち、モリブデンの需要の約9割を占めている。

Element Girls

43 Tc 人工元素第1号の名に恥じぬよう働きます

テクネチウム　Technetium

元素名の由来　ギリシャ語の「人工の(technetos)」に由来する

> 私ががんを見つけます!!

★ TRIVIA ★

発見者であるエミリオ・セグレは、1859年に陽子と質量が同じで逆の電荷を持つ「反陽子」の発見でノーベル賞を受賞した。

SPEC

原子量	[98]	融点	2172℃	沸点	4877℃	
密度	11500kg/m³（計算値）	原子価	(1),(2),(3),4,5,6,7	存在度	地表：—	宇宙：—
主な同位体	^{99m}Tc(IT、β^-、6.006時間)、^{99}Tc(β^-、2.13×10^{5}年)					

illustration by たはるコウスケ

電子構造図 [Kr](4d)5(5s)2

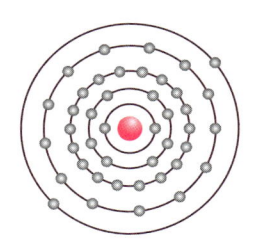

[135/156]

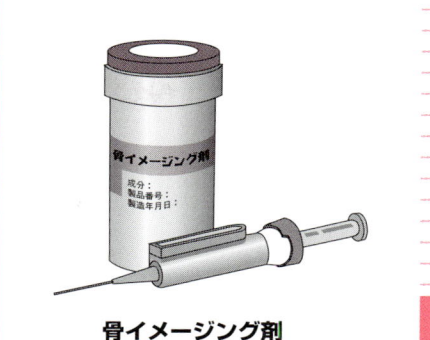

利用例

骨イメージング剤

発見年	1937年（サイクロトロンで人工的に作り出した）
発見者	カルロ・ペリエ、エミリオ・セグレ（ともにイタリア）
存在形態	ウラン崩壊によって生まれる。発電用の原子炉の使用済み核燃料から取り出される。
利用例	骨イメージング剤、腫瘍診断剤などの放射線診断薬

人類初の人工放射性元素！

　テクネチウムは、世界で最初の人工放射性元素*である。周期表ではマンガンの下に位置するが、この位置にあるべき元素を探す試みは、多くの研究者によって行われていた。それは日本も例外ではなく、1908年に日本の小川正孝が天然鉱物中に43番元素を発見したと発表し、これにニッポニウムと名付けた。しかし、ほかの化学者による追認ができず、この新元素は誤りとされてしまった。

　テクネチウムを初めて発見したのは、イタリアのペリエとセグレである。1937年、サイクロトロン*による核反応実験中に、モリブデン製の偏向板に重陽子や中性子が偶然衝突したことにより、新元素テクネチウムが発見された。天然にはほとんど存在しない元素だが、1961年にウランが壊れる際に生成する極微量のテクネチウムが、ウラン鉱石から発見されている。

医療におけるテクネチウムの効果

　テクネチウムは主に医療診断に用いられ、同位体* ^{99m}Tc は、イムノシンチグラフィーと呼ばれる診断法に利用される。この診断法は、数時間内に病巣の位置を確定することができ、検出が難しいがんの診断に極めて有効である。

　また、スズの化合物と ^{99m}Tc を併せて静脈注射すると、循環器系の不具合を検出することもできる。^{99m}Tc を使った診断のあとは壊変生成物 ^{99}Tc が残るが、人体から急速に排出され体内に残留しても半減期が長いため、放射能の影響はほとんどないのだ。

Element Girls

44 Ru

可憐な妖精の住処はハードディスクの磁性層!?

ルテニウム　Ruthenium

元素名の由来：ラテン語のロシア（Ruthenia）に由来する

> ピクシーダストって呼ばれてます♪

★ TRIVIA ★

酸化ルテニウムは黄色の結晶で、融点が約25.5℃と日本の夏の気温ではすぐに溶けてしまうほど低い。また、オゾンのような刺激臭を持つ。

SPEC

原子量	101.07	融点	2310℃	沸点	3900℃
密度	12370kg/m³	原子価	2,3,4,5,6,7,8	存在度	地表：1ppb　宇宙：1.86

主な同位体　^{96}Ru(5.54%)、^{98}Ru(1.87%)、^{99}Ru(12.76%)、^{100}Ru(12.60%)、^{101}Ru(17.06%)、^{102}Ru(31.55%)、^{103}Ru(β^-、39.254日)、^{104}Ru(18.62%)、^{105}Ru(β^-、4.47時間)、^{106}Ru(β^-、372日)

Illustration by 八幡鮭

電子構造図 [Kr](4d)7(5s)1

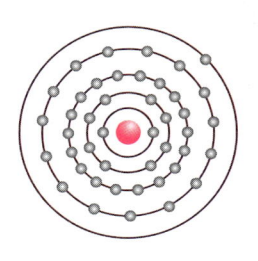

[130/126]

利用例

ハードディスクドライブ

発見年	1844 年
発見者	カール・クラウス（ロシア）
存在形態	自然ルテニウムとしてわずかに存在し、ラウライトにも含まれる。産業的には、ニッケル精錬時の副産物として得る。
利用例	不斉触媒の中心金属、ハードディスクの円板、抵抗温度計、酸化剤、電子回路の接点、万年筆

◉ 白金に似た性質の元素

　ルテニウムは、地球上では極めて少ない金属のひとつである。銀白色で融点が高く、酸化や腐食を受けにくいという白金と似た特徴を持つ。そのため、ルテニウムは白金族*元素とも呼ばれている。

　1825 年にロシアの化学者オサンは、白金鉱石の中に未知の 3 元素が存在するとして、これらにプルラニウム、ポリニウム、ルテニウムと名付けた。この実験を踏まえ、オサンの同僚であったクラウスが、3 元素のうちの 2 つは確証を得ることはできなかったが、ルテニウムについては新金属であることを証明した。

◉ ポータブル機器には欠かせない

　近年、金属ルテニウムの需要は増加傾向にあり、電子工業だけで生産量の半分を占めるようになった。それはルテニウムが、パソコンや携帯オーディオプレーヤーなどで使用されるハードディスクの磁性層に使われるようになったからである。従来のハードディスクは、磁気の密度を高くすることで容量を増やしてきたが、これ以上密度を上げるとデータを安定した状態で保存できなくなるところまできてしまった。そこで、IBM 社がルテニウムを使用した反強磁性結合メディア技術を開発し、磁気密度の上限を約 4 倍までに上げることに成功したのである。この技術に使用されるルテニウム層は、研究者達から「ピクシーダスト（妖精のほこり）」と呼ばれている。

Element Girls

45 Rh — 真紅のバラのように美しいプリンセス
ロジウム　Rhodium

元素名の由来　ギリシャ語の「バラ(rhodon)」に由来する

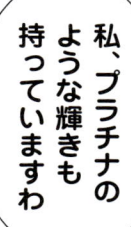

> 私、プラチナのような輝きも持っていますわ

★ TRIVIA ★

ロジウムのような溶けにくい金属を溶かすためには、融剤という化合物を金属に混ぜて溶解させ、それを水に溶かす融解という方法を使う。

SPEC

原子量	102.90550	融点	1966℃	沸点	3695℃
密度	12410kg/m³	原子価	1,(2),3,(4),(5),(6)	存在度	地表：0.2ppb　宇宙：0.344

主な同位体　^{99}Rh(EC、β^+、16日)、^{103m}Rh(IT、56.12分)、^{103}Rh(100%)、^{105m}Rh(IT、45秒)、^{105}Rh(β^-、35.36時間)、^{106}Rh(β^-、29.80秒)

illustration by sango

電子構造図 [Kr](4d)8(5s)1

利用例

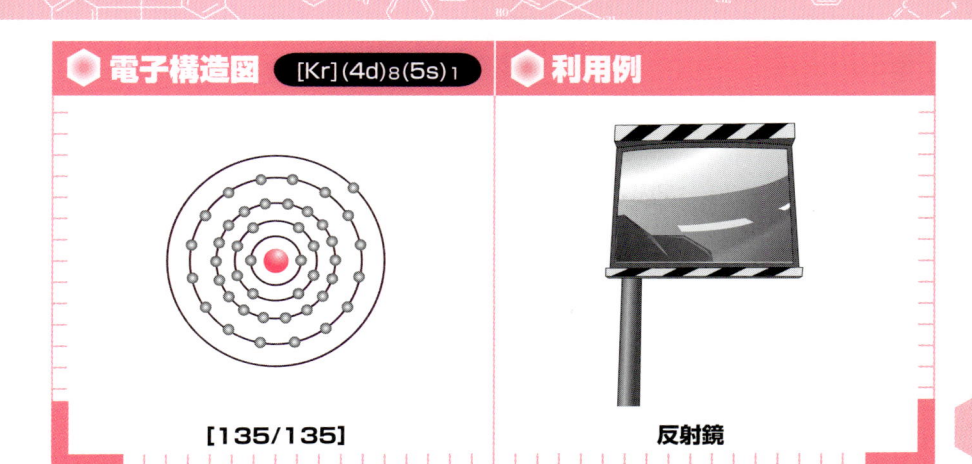

[135/135]

反射鏡

発見年	1803年
発見者	ウィリアム・ハイド・ウラストン（イギリス）
存在形態	自然ロジウムがわずかに存在し、ロドプラムサイトにも含まれる（地殻中に0.2ppb）。ニッケルや白金、銅の精錬時の副産物として得られる。
利用例	三元触媒、メッキ、熱電対、反射鏡

真っ赤なバラの意味を持つ元素

1803年、ロジウムはイギリスの化学者ウラストンによって発見された。彼は白金鉱石を王水*に溶かして、白金とパラジウムを分離した。そして残った溶液から暗赤色の粉末を取り出し、これを還元し、金属ロジウムの単離に成功したのである。ロジウムの名前は、水溶液が赤いバラ色を示すことから、この名前が付けられた。

ロジウムは硬くてもろい銀白色の金属で、融点が高く、酸に侵されにくい性質を持っている。また、耐食性や耐摩耗性に優れているため、メッキとしてよく用いられる。シルバーやホワイトゴールドをロジウムでメッキすると、プラチナのような白色を得ることができるため、ロジウムメッキ仕上げのアクセサリーも数多くある。

有害物質をクリーンな物質へ

ロジウムは白金族*のひとつで、パラジウム、白金を含めた3元素は排ガスを除去する触媒として利用されている。この3元素を含むアルミナ合金は**三元触媒**と呼ばれ、有害物質を酸化還元反応により除去する働きを持つ。ロジウムは主に、排ガス中の窒素酸化物NOx（ノックス）を減少させる性質を持っているため、ロジウムの利用は年々増加傾向にある。そのほか、炭化水素類の水素添加触媒としての利用や、優れた反射性を活かして、反射鏡やヘッドライトの鏡面などにも使われている。

Element Girls

46 Pd　巫女のお仕事は元素と元素の縁結び

パラジウム　Palladium

元素名の由来　当時発見された小惑星「パラス(Pallas)」に由来するが、その語源はギリシャ神話の女神「パラス・アテーナ」である

「今日は誰のご縁を結ぼうかしら？」

★ TRIVIA ★
水素を吸収するパラジウムのように、固体の中に小さな気体の原子が入り込んでできる化合物を「侵入型化合物」という。

SPEC
- 原子量　106.42
- 融点　1552℃
- 沸点　3140℃
- 密度　10379kg/m³ (液体)、12020kg/m³ (固体)
- 原子価　2,4,(5),(6)
- 存在度　地表：1ppb　宇宙：1.39
- 主な同位体　^{102}Pd(1.02%)、^{103}Pd(EC、16.97 日)、^{104}Pd(11.14%)、^{105}Pd(22.33%)、^{106}Pd(27.33%)、^{108}Pd(26.46%)、^{109}Pd(β^-、13.7 時間)、^{110}Pd(11.72%)

illustration by 元箱

電子構造図 [Kr](4d)₁₀

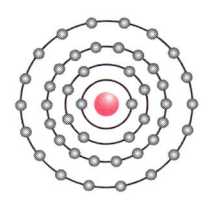

[140/131]

利用例

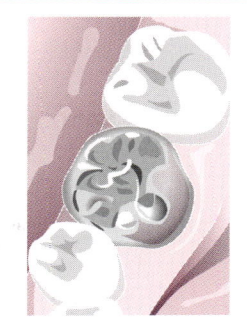

銀歯

発見年	1803年
発見者	ウィリアム・ハイド・ウラストン（イギリス）
存在形態	自然パラジウムとしてわずかに存在し、スチビオパラジウム鉱（Pd_5Sb_2）やブラッグ鉱（$(Pd,Pt,Ni)S$）にも含まれる。
利用例	合成反応の触媒、水素吸蔵合金、三元触媒、銀歯

◉ 原子をふるいにかける！

　パラジウムは光沢のある銀白色の金属で、延性・展性に富む。主に、歯科治療に使われており、銀歯は20％以上のパラジウムを含んでいる。ほかには、金属パラジウムは、常温で体積の900倍以上もの水素を吸収する特徴を持ち、コンパクトに水素を貯蔵することができる水素貯蔵合金に利用される。パラジウムの合金は、不純物を取り除き、水素のみを通す"原子のふるい"の役割を持つ。これは近い将来、クリーンなエネルギーとして注目の水素エネルギーを活用するにあたり、非常に有効な貯蔵法である。

◉ パラジウムを利用した反応

　上記で説明したパラジウムの性質は、水素化反応などで非常によい触媒となる。工業化されているものにアセトアルデヒドを合成するワッカー法＊があり、これは塩化パラジウムを触媒としている。また、2つの化学物質を選択的に結合させるカップリング反応＊において、パラジウムは炭素と炭素を結合させるのに有効な触媒であることも発見されている。その中でも特に有名なのが、1979年に発見された鈴木カップリング反応である。これは、パラジウムを触媒とするホウ素化合物と、ハロゲン化合物を反応させるもので、ビアリール系芳香族化合物の合成法として用いられる。この化合物は、生理活性物質や医薬品、液晶などの材料になる重要な化合物となる。そのため、鈴木カップリング反応は多方面で利用されており、ノーベル化学賞の候補として名を連ねている。

Element Girls

47 Ag

汚れを鎮める力を持った誇り高き美女

銀　　　　　　　　Silver

元素名の由来　アングロサクソン語の「銀(siolfur)」に由来する

> この銀の水で清めなさい

★ TRIVIA ★

銀の精錬が発明されたのは紀元前2500年ごろで、バビロニア南部のカルデア人によるといわれる。『旧約聖書』にも記述されている。

SPEC

原子量	107.8682	融点	951.93℃	沸点	2212℃		
密度	10500kg/m³	原子価	1,(2)	存在度	地表：0.08ppm	宇宙：0.486	

主な同位体　^{105}Ag(EC、β^+、41.29日)、^{107m}Ag(IT、44.3秒)、^{107}Ag(51.839%)、^{109m}Ag(IT、39.6秒)、^{109}Ag(48.161%)、^{110m}Ag(β^-、IT、249.76日)、^{110}Ag(β^-、EC、24.6秒)、^{111}Ag(β^-、7.45日)

illustration by あや

電子構造図 [Kr](4d)₁₀(5s)₁

[160/153]

利用例

銀食器

- **発見年** 古代から知られる
- **発見者** 古代から知られる
- **存在形態** 自然銀、輝銀鉱、金、銅の鉱石に含まれる。
- **利用例** アクセサリー、抗菌剤、銀食器、感光材料（印画紙、写真フィルムなど）

菌から身を守る

　青白色の美しい光沢を持つ銀は、電気伝導率と熱伝導性に富んだ金属元素である。延性・展性は金に次いで2番目に大きい。銀は古代から知られていたが、金と違い、天然で産出されることは少ない。そのため、古代エジプト文明では銀の方が金よりも価値が高かったのである。その後、銀の価値が下落した理由は、欧米人が南米に侵略して大量の銀を産出し、ヨーロッパに持ち込んだためといわれている。

　現在、銀イオンの殺菌や消臭効果を利用した、抗菌スプレーなどの商品が増えたものの、古代から銀の殺菌能力は人々に知られていた。泉や井戸の底に銀が投げ込まれるのは単なる習慣以外に、飲料水の汚染を守るため、食器や医療器具に銀製品が多いのも殺菌効果のためである。水の殺菌にはわずか10ppb程度で済み、塩素消毒より強力な威力を持つ。

黒ずみには要注意！

　銀はシルバーアクセサリーなど、さまざまな分野で用いられているが、銀製品は長期間用いると表面が黒ずんでしまう現象が起こる。これは銀が空気中の水分と硫化水素や亜硫酸ガスと反応し、硫化するためである。ほかにも、温泉には硫黄分が大量に含まれているため、銀製品のものを身につけたまま入浴すると、瞬く間に黒ずんでしまう。ただし、最近の銀食器などはメッキ加工が施されており、銀を硫化から保護しているものも多くなっている。

Element Girls

48 Cd — 蛍光灯や電池にも活用される、ダークな女の子

カドミウム　Cadmium

元素名の由来　リョウ亜鉛鉱 (calamine) の古名でラテン語の「cadmia (鉄のまざった酸化亜鉛の語源)」に由来する

> 体には悪いけど生活には役に立つのよ

★ TRIVIA ★
発見者のシュトロマイヤーは全薬局の監督長官で、ドイツ国内を視察旅行しているときにカドミウムの存在に気付いたといわれている。

SPEC

原子量	112.411	融点	321℃	沸点	765℃
密度	8650kg/m³	原子価	(1),2	存在度	地表：0.098ppm　宇宙：1.61

主な同位体　^{106}Cd(1.25%)、^{107}Cd(EC、$β^+$、6.50時間)、^{108}Cd(0.89%)、^{109}Cd(EC、462日)、^{110}Cd(12.49%)、^{111}Cd(12.80%)、^{112}Cd(24.13%)、^{113}Cd($β^-$、12.22%、9.3×10^{15}年)、^{114}Cd(28.73%)、^{115m}Cd($β^-$、44.6日)、^{115}Cd($β^-$、53.5時間)、^{116}Cd(7.49%)、^{117m}Cd($β^-$、3.36時間)、^{117}Cd($β^-$、2.49時間)

illustration by ゆつき

電子構造図 [Kr](4d)₁₀(5s)₂

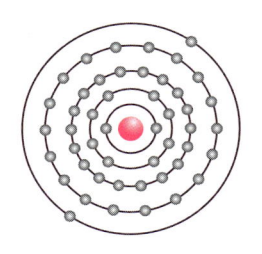

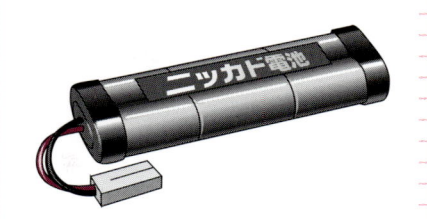

[155/148]

利用例

ニッカド電池

発見年	1817年（酸化物として分離）
発見者	フリードリヒ・シュトロマイヤー（ドイツ）
存在形態	グリーノック石、亜鉛鉱石に含まれる。亜鉛精錬時の副産物として得られる。
利用例	ニッカド電池(Ni-Cd)、メッキ、顔料、塗料、はんだ、蛍光灯、太陽電池（結晶性 CdTe）

◆公害病の原因ともなった元素

　カドミウムは銀白色の金属で、金属自体はナイフなどで切断できるほど軟らかい。そして人体に非常に有害であり、呼吸困難や肝機能障害などの症状が起こる。

　四大公害病のひとつ、イタイイタイ病を引き起こした原因となったのがカドミウムである。富山県の神通川流域では、大正時代から奇病が頻発していた。主に農家の高齢主婦に多く見られた病気で、その症状は、最初は痛みを訴え、だんだん歩行もできなくなり、最後には「イタイイタイ」と叫びながら死んでいくというものだった。この奇病は長い間原因がわからず風土病とも考えられていたが、後に三井金属鉱業神岡事業所から流れ出た鉱毒による、カドミウム中毒であることが発覚した。カドミウムは人体にとって非常に有毒であるが、人体に必須の亜鉛と性質が似ているため、体内に摂取されてしまい、腎臓障害や骨軟化症を引き起こしたのである。

◆悪いイメージばかりではない！　カドミウムの活用法！

　カドミウム化合物は、人体に悪影響を及ぼすとして厳しく規制されているが、新たな用途が開発されている。そのひとつが、何千回も充電が可能な「ニッケルカドミウム電池（ニッカド電池）」である。この電池は電動工具やラジコンなどに使われているほか、完全電力で走行する自動車にも使用されている。そのほか、シリコン太陽電池より効率のよい太陽電池や、原子炉では制御棒*として用いられている。

Element Girls

49 In ハイテク技術にもってこいのメカっ子娘!!
インジウム　Indium

元素名の由来：輝線スペクトルが、藍色(ラテン語で「Indicum」)であることに由来する

「さあて最新メカでも作りますか!」

★ TRIVIA ★

透明導電膜はIPO膜とも呼ばれ、液晶ディスプレイだけでなく、太陽電池用の透明導電ガラスなどにも使われている。

SPEC

原子量	114.818	融点	156.6℃	沸点	2080℃
密度	7310kg/m³	原子価	1,2,3	存在度	地表：0.05ppm　宇宙：0.184

主な同位体：^{109}In(EC、β^+、4.2時間)、^{110}In(EC、β^+、4.9時間)、^{111}In(EC、β^+、2.807日)、^{112}In(EC、β^-、14.97分)、^{113m}In(IT、99.5分)、^{113}In(4.29%)、^{114m}In(IT、49.51日)、^{114}In(β^-、EC、β^+、71.9秒)、^{115m}In(IT、β^-、4.486時間)、^{115}In(95.1%、β^-、4.41×10^{14}年)、^{116m}In(β^-、EC、54.41分)、^{117m}In(β^-、IT、1.942時間)、^{117}In(β^-、43.8分)、^{119m}In(β^-、IT、18.0分)、^{119}In(β^-、2.4分)

illustration by 紺野賢透

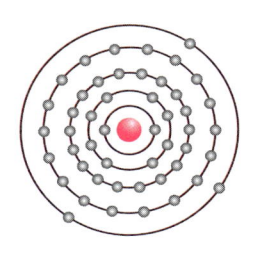

| 電子構造図 | [Kr](4d)₁₀(5s)₂(5p)₁ | 利用例 |

[155/144]

ノートPCディスプレイ

発見年	1863年（閃亜鉛鉱の硫化物中から発見）
発見者	フェルディナンド・ライヒ、テオドール・リヒター（ともにドイツ）
存在形態	インジウム銅鉱、インダイト、ザリンダイトなどに含まれる。閃亜鉛鉱、方鉛鉱、亜鉛などを精錬するときの副産物としても得られる。
利用例	液晶ディスプレイ、太陽電池、発光ダイオード、導電性ガラス、化合物半導体原料

日本が産出国世界一だった！

　インジウムは、融点が低い白色の軟らかい金属で、ナイフなどで簡単に切ることができる。1863年、ドイツのライヒ教授は閃亜鉛鉱の精錬残物を分析中に、麦わら色の沈殿物を得ることに成功した。ライヒは色盲であったため、助手のリヒターにスペクトル*測定を任せたところ、そこから藍色の輝線を発見した。これが新元素インジウムである。かつてインジウムを産出する世界一の鉱山は、札幌市の豊羽鉱山であった。しかし、採算の悪化や金属資源の枯渇により、2006年3月31日をもって採掘は停止された。現在では、中国が世界最大の生産国であり、日本はインジウムの最大消費国となっている。

ハイテク産業には欠かせない！

　液晶テレビやノートパソコンの液晶ディスプレイには、インジウム酸化物が使用されており、現在のハイテク技術には欠かせない存在となっている。液晶ディスプレイは、液晶パネルに電圧を加えて液晶分子の向きを変化させ、この動きによってバックライトなどの光を制御し、画像を描くという仕組みである。この液晶に電圧を加えるための導線が、インジウム酸化物なのだ。通常、金属は電気を通すが、光は通さない。そのため通常の導線を使用すると、画像に導線の影が映りこんでしまうのである。しかし、インジウム酸化物は電気を通すだけでなく、光を通す透明度を持っている。この性質を利用して、液晶にはインジウム酸化物を薄く延ばした透明導電膜が使われている。

Element Girls

50 Sn

古来の宝「ブリキのおもちゃ」を発掘！？

スズ — Tin

元素名の由来：ラテン語の「stannum（鉛と銀の合金）」に由来し、stan はサンスクリット語の「硬い」が語源

> 謎の遺跡からこんなの発見しました♪

★ TRIVIA ★

スズはたくさんの同位体を持つことでも知られており、天然のものは10種類、人工のものも含めると20種類以上の同位体が存在する。

SPEC

原子量	118.710	融点	231.97℃	沸点	2270℃
密度	5750kg/m³ (α)、7310kg/m³ (β)	原子価	2,4	存在度	地表：2.5ppm　宇宙：3.82

主な同位体：^{112}Sn(0.97%)、^{113}Sn(EC,β^+、115.09日)、^{114}Sn(0.66%)、^{115}Sn(0.34%)、^{116}Sn(14.54%)、^{117m}Sn(IT、13.6日)、^{117}Sn(7.68%)、^{118}Sn(24.22%)、^{119m}Sn(IT、293日)、^{119}Sn(8.59%)、^{120}Sn(32.58%)、^{121m}Sn(IT、β^-、55年)、^{121}Sn(β^-、27.06時間)、^{122}Sn(4.63%)、^{123m}Sn(β^-、40.08分)、^{123}Sn(β^-、129.2日)、^{124}Sn(5.79%)

illustration by よつ葉真春

電子構造図　[Kr](4d)$_{10}$(5s)$_2$(5p)$_2$

利用例

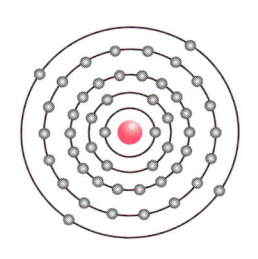

[125/122]

ブリキのおもちゃ

発見年	古代から知られる
発見者	古代から知られる
存在形態	スズ石から得られる。
利用例	合金（ブリキ、はんだ、青銅）、曇りガラス（酸化インジウム - スズ）、抗真菌剤、防腐剤、駆除剤など（有機スズ化合物）

● 人類の文明を築いた金属

　スズは軟らかい銀白色の金属で、非常に古くから利用されている金属元素の一つである。銅とスズの合金である青銅の誕生は、武器や器具を製造するのに好適で広く普及し、青銅器時代という文明が訪れたほど、人類に欠かせないものだったのである。

　ほかにも、スズは多種類の金属と合金を作っており、その中でも「ブリキ」と「はんだ」が有名である。ブリキは鉄とスズの合金で、ブリキ製のおもちゃや缶詰容器などに使われている。一方のはんだは、鉛とスズを主成分とした合金で、金属同士を接合したり、電子回路で各素子を基板に固定したりするために使われる。ツタンカーメン王の墓からはんだ付けした装飾品が出土するなど、歴史の古い合金である。

● スズの伝染病で大惨事！

　1850年のロシア大寒波の際に、大惨事がロシアを襲った。教会のスズ製パイプオルガンが斑点（はんてん）だらけとなり、大音響とともに崩壊してしまったのである。

　スズの2つの同素体*のうち、白色の結晶性βスズは、低い温度になるとαスズと呼ばれる灰色で無定形のスズへと変わる。この現象が極寒のロシアで起こり、白色スズが徐々に灰色スズへと変わり、ぼろぼろに崩れてしまったのである。この現象は、スズ製品の一部から次第に全体に広がっていくことから、伝染病に例えてスズペストと呼ばれた。

Element Girls

51 Sb
毒性を持つ、歴史上初の化粧品！
アンチモン
Antimony (Stibium)

元素名の由来　ギリシャ語の「孤独をきらう(anti-monos)」に由来する

> 艶やかに……
> かつ狡猾に
> 遂行するわよ

★ TRIVIA ★
中世には、アンチモンは薬として使われていた。「永遠丸」という金属アンチモンの錠剤は、飲むと激しい下痢をするため、便秘の人に愛用された。

SPEC
原子量	121.760	融点	630.63℃	沸点	1635℃
密度	6691kg/m³	原子価	3,5	存在度	地表：0.2ppm　宇宙：0.309

主な同位体　^{121}Sb(57.21%)、^{122}Sb(β^-、EC、β^+、2.70 日)、^{123}Sb(42.79%)、^{124}Sb(β^-、60.20 日)、^{125}Sb(β^-、2.73 年)

illustration by 大槻茂奈

電子構造図 [Kr](4d)₁₀(5s)₂(5p)₃

[145/138]

利用例

朱肉

- **発見年** 中世に得られた
- **発見者** 中世に得られた
- **存在形態** 輝安鉱、ベルチェ鉱に含まれる。四面銅鉱から銅を精錬するときの副産物としても得られる。
- **利用例** 防燃材、半導体材料、鉛蓄電池、合金、朱肉

◆ 化粧を広めた元素！

　アンチモンは古代から使われていたといわれているが、不正確な記録しか残されていないために、アンチモン単体としての発見時期は中世となっている。

　古代でのアンチモンは鉛（$_{82}$Pb）と混同されており、明確な記録が残っていない。だが、古くからアンチモンが使われていたことを示す品々が発掘されているのも事実である。古代エジプトではアンチモンを用いてメッキされた道具が使われ、アンチモンの硫化物である硫化アンチモン（Sb_2S_3）はアイシャドウとして使用された。ちなみに、このアイシャドウが化粧の始まりといわれている。現在では、アンチモンはヒ素と同じく毒性を持っていることが判明し、化粧品の材料として用いられていない。また、解明されていないが、モーツアルトの若死にの状況はアンチモン中毒の症状と一致し、毒殺説がある。

◆ アンチモンは燃えにくい？

　熱に弱いプラスチックやゴムに、アンチモンの化合物である三酸化アンチモンを数％添加することで、燃えにくくなる。また、アンチモンは環境変化や時間経過にも強いため、難燃助剤として用いられていた。近年ではアンチモンの持つ毒性が問題視され、代わりとなる素材の開発が進んでいる。

　ちなみに、アンチモンの元素記号「Sb」は、硫化アンチモンを含む輝安鉱の「Stibium」から付けられているため、英語の「Antimony」にSbは含まれていないのである。

Element Girls

52 Te — 記憶力抜群のレアメタル！

テルル　Tellurium

元素名の由来：ラテン語の「地球(tellus)」に由来する

> このにおい なんとか ならないかな？

★ TRIVIA ★

テルルは希少金属であり、需要量・埋蔵量ともに少ない元素であるが、日本は2000年の時点で生産量上位5カ国に名を連ねている。

SPEC

原子量	127.60	融点	449.5℃	沸点	990℃
密度	6240kg/m³	原子価	2,4,6	存在度	地表：～5ppb　宇宙：4.81

主な同位体：^{120}Te(0.09%)、^{121}Te(EC、β⁺、16.8日)、^{122}Te(2.55%)、^{123m}Te(IT、119.7日)、^{123}Te(0.89%、EC、1.3×10^{13} 年)、^{124}Te(4.74%)、^{125m}Te(IT、58日)、^{125}Te(7.07%)、^{126}Te(18.84%)、^{127m}Te(IT、β⁻、109日)、^{127}Te(β⁻、9.35時間)、^{128}Te(31.74%、β⁻β⁻、$>5.5 \times 10^{24}$ 年)、^{129m}Te(β⁻、IT、33.6日)、^{129}Te(β⁻、69.6分)、^{130}Te(34.08%、β⁻β⁻、2.5×10^{21} 年)、^{132}Te(β⁻、78.2時間)

illustration by 石井モモコ

電子構造図 [Kr](4d)₁₀(5s)₂(5p)₄

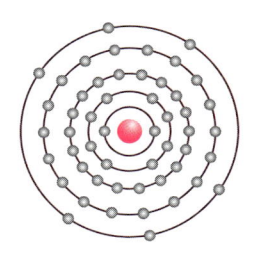

[140/135]

利用例

DVD-RAM

発見年	1782年（鉱物中に発見）、1798年（単離）
発見者	ミュラー・フォン・ライヒェンシュタイン（オーストリア：1783年）、マルティン・ハインリヒ・クラプロート（ドイツ：1798年）
存在形態	シルバニア鉱、カラベラス鉱に含まれる。銅精錬時の副産物として得られる。
利用例	DVD-RAM、感光ドラム、発光ダイオード（Zn-Te）

● 勘違いの中にあった元素

　1782年、鉱物学者ミュラーは、天然のアンチモンと思われていた白い鉱石を、硫化ビスマスではないかと発表した。その後研究を続け、その白い鉱石には、硫化ビスマスではなく未知の金属を含んでいることを発見したが、単離するには至らなかった。テルルの単離に成功したのは、ミュラーより依頼を受け分析したドイツのクラプロートであった。

　テルルの特徴のひとつににおいがある。同属元素である硫黄やセレンと同じく、テルルにも独特なにおいがあり、テルル化水素（H_2Te）はニンニクのようなにおいだといわれている。

● 情報記憶のスペシャリスト？

　テルルは、熱によって結晶相と非晶質相に変化する性質を持っており、このような性質を持つ素材は**相変化記憶材料**と呼ばれる。

　相変化記憶材料はDVD-RAMなどの記憶媒体に使われ、記録をした後でもレーザーを当てることで元に戻り、何度も書き換え可能なのが特徴である。同じDVDでも、RやROMと表示されているものは相変化ではないので、一度しか書き込むことができないのだ。

　また、テルルは半導体*にも用いられ、テルルにビスマス（$_{83}Bi$）とセレン（$_{34}Se$）を合わせた半導体は、**ゼーベック効果***や**ペルチェ効果***を効率よく行う電子デバイスとして使われている。

Element Girls

53 I
海藻類にも含まれるデンプン探しの名人
ヨウ素　　　　　　　Iodine

元素名の由来　ギリシャ語の「紫色・すみれ色(iodos)」に由来する

★ TRIVIA ★

現在のヨウ素産出量の国別での1位はチリであるが、地域別で見ると日本の千葉県が産出地1位である。

> こう見えて日本を代表する元素なんです

SPEC

原子量	126.90447	融点	113.7℃	沸点	184.3℃
密度	4930kg/m³	原子価	1,3,5,7	存在度	地表：0.14ppm　宇宙：0.90

主な同位体　^{121}I(EC、β^+、2.12時間)、^{123}I(EC、13.2時間)、^{124}I(EC、β^+、4.18日)、^{125}I(EC、60.14日)、^{126}I(β^-、EC、β^+、13.02日)、^{127}I(100%)、^{128}I(β^-、EC、β^+、24.99分)、^{129}I(β^-、1.57×10^{7}年)、^{130}I(β^-、12.36時間)、^{131}I(β^-、8.040日)、^{132}I(β^-、2.284時間)、^{133}I(β^-、20.8時間)

illustration by 戸橋ことみ

電子構造図	[Kr](4d)10(5s)2(5p)5

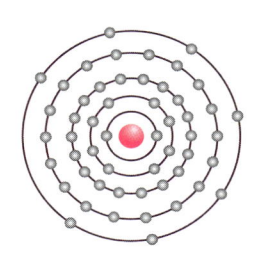

[140/133]

利用例

ヨードチンキ

発見年	1811年
発見者	ベルナール・クールトア（フランス）
存在形態	地下水や海藻類から得られる。ラウテル石、ヨード角銀鉱にも含まれる。
利用例	消毒薬（ヨードチンキ）、防腐剤、ハロゲンランプ、ヨウ素デンプン反応、甲状腺ホルモン剤、甲状腺機能診断剤（^{131}I）、がん治療剤（^{125}I）

日本が世界に誇る元素！

　1811年、藻類の研究を行っていたクールトアは、海藻の灰を溶かした液体から塩化カリウムを分離した。残った液体に硫酸を加えたところ、刺激臭のある紫の蒸気が発生し、冷えると凝縮し金属結晶となった。これを発見したクールトアは研究を続けたが、新元素であることを証明できず、友人のクレマンとデゾルムに研究を依頼、それから2年後、彼らによってそれが新元素のヨウ素であることが発表された。

　ヨウ素は、資源の少ない日本から多量に採取できる元素であり、数年前はヨウ素産出量世界1位であった。現在は2位で、1位はチリである。日本のヨウ素の多くは千葉県で産出されており、そのため千葉県はヨウ素関連企業の一大拠点として、数多くのヨウ素関連商品を生み出している。

デンプンの存在を確かめる

　ヨウ素は水にはあまり溶けないが、ヨウ化カリウムの水溶液にはよく溶け、この液にヨウ素を溶かしたものはヨウ素液と呼ばれる。

　ヨウ素液は、デンプンとよく反応するため、デンプンの存在を確認するために用いられる。デンプンに反応すると、ヨウ素は青色から赤色に変わり反応を示す。これを**ヨウ素デンプン反応**と呼ぶ。デンプンは、砂糖の成分であるグルコースが多数繋がって形成されており、その繋がっている数によって反応の色が異なるのである。

Element Girls

54 Xe

麻酔作用のある希ガスのツンデレ異端児

キセノン　　Xenon

元素名の由来　ギリシャ語の「見慣れない・外来者・異種族(xenos)」に由来する

> 異端児か……
> まぁ それもいいかな

★ TRIVIA ★

イオンエンジンは、アメリカの宇宙船「ディープスペース１」や、日本の宇宙船「はやぶさ」にも搭載されている。

SPEC

原子量	131.293	融点	-111.9℃	沸点	-107.1℃		
密度	5.8971kg/m³(気体)、2939kg/m³(液体)、3540kg/m³(固体)				原子価	2,4,6,8	存在度　地表：2ppt　宇宙：4.7

主な同位体　¹²⁴Xe(ECEC、0.09%)、¹²⁶Xe(0.09%)、¹²⁸Xe(1.92%)、¹²⁹Xe(26.44%)、¹³⁰Xe(4.08%)、¹³¹ᵐXe(IT、11.9日)、¹³¹Xe(21.18%)、¹³²Xe(26.89%)、¹³³ᵐXe(IT、2.19日)、¹³³Xe(β⁻、5.245日)、¹³⁴Xe(10.44%)、¹³⁶Xe(8.87%)

illustration by 冬扇

電子構造図	[Kr](4d)10(5s)2(5p)6

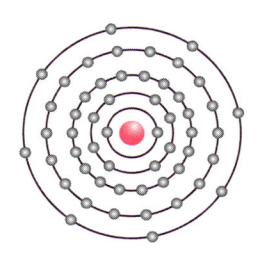

[--/130]

利用例

ヘッドライト（キセノンランプ）

発見年	1898 年
発見者	ウィリアム・ラムゼー、モリス・トラバース（ともにイギリス）
存在形態	空気中の 0.000008％（体積比）を占め、液体空気の分留で得られる。
利用例	車のヘッドライト、イオンエンジン（キセノンガス）、断熱材、プラズマディスプレイ

最も少ない高級な希ガス

　1898 年、ラムゼーとトラバースは新たな希ガス*元素の発見のため、液体空気製造機を用いて多量のネオンとクリプトンから希ガス元素の単離を試みた。すると、わずかではあるが、クリプトンから新元素の単離に成功したものの、見出すまでに大変な苦労があったためキセノン（外来者・異種族）と名付けたのである。

　キセノンは、天然では最も少ない希ガス元素であるため、アルゴンやネオンに比べて利用用途は少ない。さらに、微量元素であることから値段も高く、キセノンランプやイオンエンジンなど高価な製品に使われている。

高価ゆえに不遇の扱い、でも抜群の機能

　キセノンを使った製品であるイオンエンジンとは、電場で加速したイオンを秒速 30 〜 40km で噴射し、その際に生じる反動を推進力に変え、宇宙船や人工衛星を飛ばすエンジンである。従来のロケットエンジンに比べて 10 倍以上も効率がよいため、少ない燃料でより遠くに飛ばすことが可能である。キセノンはこのイオンエンジンの推進剤として使われている。

　キセノンは人体脂肪に溶けやすい性質を持っており、脳組織への拡散、溶解性に優れ、X 線電磁波の浸透を防ぐ効果もあるため、CT スキャナーの造影剤として利用される。また、キセノンには麻酔作用がある。現在麻酔として使われている亜酸化窒素よりも鎮痛能力に優れ、副作用もないことから注目されているが、高価であるため普及していない。

Element Girls

55 Cs

時間を支配し正確な時を刻む
セシウム

Caesium (Cesium)

元素名の由来　ラテン語の「青い空(caesius)」に由来する

「時間に遅れるってどういうことさ!?」

★ TRIVIA ★

長さを表す1mは、1秒と光速によって定められたものなので、1mの基準にもセシウムが使われたといえる。

SPEC

原子量	132.90545	融点	28.4℃	沸点	678℃
密度	1873kg/m³	原子価	1	存在度	地表：1ppm　宇宙：0.372

主な同位体　^{129}Cs（β⁺、EC、32.06 時間）、^{130}Cs（β⁻、EC、β⁺、29.21 分）、^{131}Cs（EC、9.69 日）、^{132}Cs（β⁻、EC、β⁺、6.475 日）、^{133}Cs（100%）、^{134m}Cs（IT、2.91 時間）、^{134}Cs（β⁻、EC、2.062 年）、^{135}Cs（β⁻、3.0×10⁶ 年）、^{137}Cs（β⁻、30.0 年）

illustration by 白夜ゆう

電子構造図 [Xe](6s)1

[260/225]

利用例

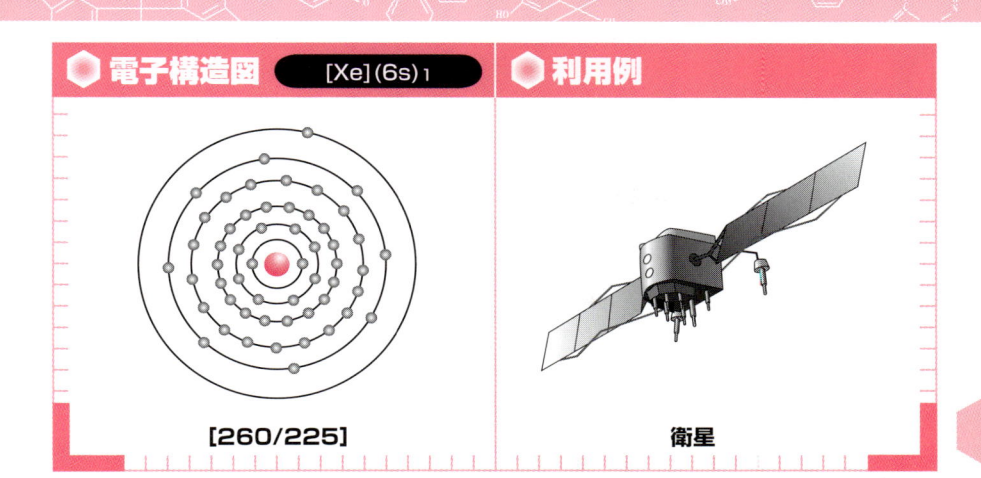

衛星

発見年	1860 年
発見者	ローベルト・ブンゼン、グスターブ・キルヒホッフ（ともにドイツ）
存在形態	ポルクス石やリチア雲母に含まれる。
利用例	原子時計、放射線治療、医療診断、衛星

◉ 危険物指定の元素！

　1859 年、ブンゼンとキルヒホッフは、金属の炎色反応などの光を、波長（スペクトル*）ごとに分けることのできる、分光器と呼ばれる光学器機を発明した。これを使い鉱泉水の炎色反応を調べていたところ、既知の青い波長と非常に近い青の波長を発見した。その後の研究により、その青い波長を出す元素はアルカリ金属*であることをつきとめ、スペクトルの色（青色）からセシウムと名付けた。また反応性が非常に強いため、空気中では酸化し、粉末状のものは自然発火する。さらに、水とも爆発的に反応するため消防法で危険物指定されている。

◉ 時間を決める元素

　セシウムは生活の基準である「時間」と、大きな関わりのある元素である。現在使われている 1 秒は、セシウム（^{133}Cs）原子の放出する電磁波が、1 回振幅する時間の 9,192,631,770 倍とされている。セシウムを用いた原子時計は、30 万年で 1 秒程度しか狂わない最も精度の高い原子時計といわれ、現在の日本には文部科学省国立天文台と独立行政法人情報通信研究機構に設置されている。

　セシウムの同位体*である ^{137}Cs は放射性元素だが、波長が短く浸透能力が強いため、がん治療や滅菌処理に使われる。しかし、体内に入ると人体必須元素であるカリウムと置き換わってしまうため大変危険である。また、^{137}Cs と違い、ヨウ化セシウムやフッ化セシウムは、X 線や γ 線などの素粒子を吸収して発光するシンチレーション効果があるため、放射線計測や医療診断に広く用いられている。

Element Girls

56 Ba — レントゲンで飲む白い恋人！
バリウム / Barium

元素名の由来：ギリシャ語の「重い（barys）」に由来する

> さあグッと飲んでグッと♥

★ TRIVIA ★
バリウムはアルカリ土類金属であるため、水と反応しアルコールとも反応する。また、空気中で酸化するため通常は石油中で保存されている。

SPEC

原子量	137.327	融点	729℃	沸点	1637℃
密度	3594kg/m³	原子価	2	存在度	地表：250ppm　宇宙：4.49

主な同位体：^{130}Ba(0.106%)、^{131}Ba(EC、β^+、11.8 日)、^{132}Ba(0.101%)、^{133m}Ba(IT、EC、38.9 時間)、^{133}Ba(EC、10.54 年)、^{134}Ba(2.417%)、^{135}Ba(6.592%)、^{136}Ba(7.854%)、^{137m}Ba(IT、2.552 分)、^{137}Ba(11.232%)、^{138}Ba(71.698%)、^{139}Ba(β^-、84.6 分)、^{140}Ba(β^-、12.746 日)

illustration by ヤナギユキ

| 電子構造図 | [Xe](6s)₂ |

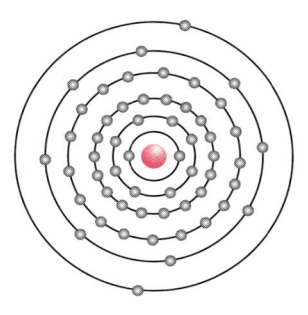

[215/198]

| 利用例 | |

バリウム検査

発見年	1774年（バライタを発見）、1808年（単離）
発見者	カール・ヴィルヘルム・シェーレ（スウェーデン：1774年）、ハンフリー・デービー（イギリス：1808年）
存在形態	重晶石、毒重石に含まれる。
利用例	造影剤（硫酸バリウム）、花火（硝酸バリウム）、誘電体材料（チタン酸バリウム）

実はそんなに重くない

1774年、スウェーデンの学者シェーレは、硫酸でもほとんど溶けずに白色沈殿するバライタという重土（酸化バリウム）を発見したが、金属単体を取り出すことはできなかった。バリウムが単体で取り出されたのは1808年、デービーがカリウムやストロンチウムと同じ方法を用いて、酸化バリウムを多く含む重晶石を電気分解＊することによって単離に成功した。

バリウムは名前の由来どおり、アルカリ土類＊の中では重いが、ほかの金属と比べると比較的軽い金属である。ちなみに、バリウム化合物の炎色反応が緑色であるため、花火の原料として用いられている。

レントゲン検査の白い液

レントゲン検査の際に飲む、白い液体として知られるバリウム。バリウムは、人体に含まれる元素よりも多くの電子を持っているため、X線を通さない。そのため、バリウムを飲んでレントゲンを撮ると、消化器官などの輪郭が写し出されるのだ。

単体のバリウムは人体に対し害になるものが多く、イオンとなって体内に入ると、筋肉が麻痺し呼吸が停止することもある。レントゲン検査の際に飲むバリウムは、硫酸バリウム（$BaSO_4$）に水と香料を混ぜたものである。硫酸バリウムは、非常に安定しているため、水にも胃酸にも溶けず、イオンになりにくいことから人体に影響がない物質なのである。

Element Girls

57 La — ランタン / Lanthanum

ほかの元素に身を隠す、日陰のオンナ？

元素名の由来：ギリシャ語の「隠れたもの(lanthanein)」に由来する

> レンズの先より私を見て……

★ TRIVIA ★

ランタンを含むランタノイドは、元来「ランタンに似たもの」という意味で、セリウムからルテチウムまでの14元素をランタノイドと呼んでいた。

SPEC

原子量 138.9055	融点 921℃	沸点 3457℃
密度 6145kg/m³	原子価 3	存在度 地表：16ppm　宇宙：0.4460

主な同位体：^{138}La(0.090%、β^-、EC、β^+、1.06×10^{11} 年)、^{139}La(99.910%)、^{140}La(β^-、40.27 時間)

illustration by 猫生いづる

電子構造図 [Xe](5d)₁(6s)₂

[195/169]

利用例

100円ライター

発見年	1839年
発見者	カール・ムーサンデル（スウェーデン）
存在形態	モナズ石、バストネス石に含まれる。
利用例	水素吸蔵合金（LaNi$_5$）、光学レンズ（La$_2$O$_3$）、ライターの石

◆ ややこしい元素？

　1839年、ムーサンデルは硝酸セリウムを加熱分解し、希硝酸で処理した抽出物から新たな酸化物を発見し、ランタナと名付けた。しかし、このランタナは純粋な物質ではなく、サマリウム、ユウロピウム、プラセオジム、ネオジムなどが含まれていることが判明した。これらを取り除き純粋なランタンが単離された。

　また、ランタンが周期表で**ランタノイド***系列の1番最初の元素であり、希土類元素*の中ではセリウムについで2番目に多い。

　ちなみに、**ランタノイド**に属する15元素を、欧米では**ランタニド**と呼んでいる。**ランタノイド**も**ランタニド**も、正式に国際純正応用化学連合（IUPAC*）で認められている呼び名であるため、どちらで呼んでも間違いではなく、日本でも書籍により使われる名称が異なる。

◆ 分離せずにそのまま使う！

　ランタンは、希土類元素の中では2番目に多い元素であり、銀色の軟らかい金属である。ランタンは、発見のエピソードのように、ほかの希土類と混ざっていると単離がしにくいため、セリウムやネオジムなどとの混合物である、**ミッシュメタル**という物質で用いられることが多い。**ミッシュメタル**に鉄を添加すると発火石になり、ライターの石などに使われるほか、研磨剤や鉄鋼の添加剤などにも使われる。また、酸化物のLa$_2$O$_3$は光学レンズの材料として、カメラのレンズや顕微鏡のレンズに使用されている。

Element Girls

58 Ce

ガラス磨きも紫外線対策もお任せ！
セリウム　Cerium

元素名の由来：1801年に発見された小惑星セレス(ceres)に由来し、さらにその語源はローマ神話の農作の女神ケレス(Ceres)に由来する

> ふぅ～本日のガラス磨き終わりました！

★ TRIVIA ★

セリウムは、板ガラスやレンズの研磨剤としても用いられているほか、永久磁石や酸化セリウムが排ガス浄化用触媒の主成分として使われている。

SPEC

原子量	140.116	融点	799℃	沸点	3426℃
密度	8240kg/m³	原子価	3,4	存在度	地表：33ppm　宇宙：1.136

主な同位体：^{136}Ce(0.185%)、^{138}Ce(0.251%)、^{139}Ce(EC, 137.66 日)、^{140}Ce(88.450%)、^{141}Ce(β^-, 32.50 日)、^{142}Ce(11.114%, $> 5 \times 10^{16}$ 年)、^{143}Ce(β^-, 33.0 時間)、^{144}Ce(β^-, 284.9 日)

illustration by 菓浜洋子

電子構造図	[Xe](4f)₁(5d)₁(6s)₂

[185/(204)]

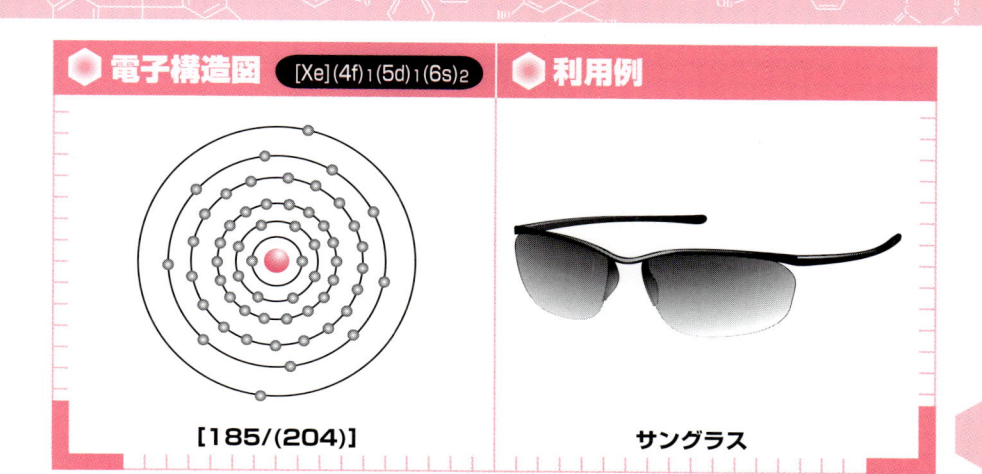

利用例：サングラス

発見年	1803年（鉱物の中に発見）、1875年（単離）
発見者	イェンス・ヤコブ・ベルセリウス、ヴィルヘルム・ヒージンガー（ともにスウェーデン：1803年）、マルティン・ハインリヒ・クラプロート（ドイツ：1803年）、ウィリアム・ヒレブランド、トーマス・ノートン（ともにアメリカ：1875年）
存在形態	モナズ石、バストネス石に含まれる。
利用例	紫外線吸収ガラス、研磨剤、サングラス、排ガス浄化用の触媒、酸化剤（(NH_4)$_2$Ce(NO_3)$_6$）

見つけたのはどっちが早い？

　1803年、クラプロートはスウェーデンのバストネス鉱山で新元素を探索中に、セル石の中から新たな土類を発見し、テールオクロイトと命名した。それと同時期にベルセリウスとヒージンガーも、同じ鉱山でイットリウム鉱石の探索中に未知の酸化物を発見。これを2年前に発見された矮惑星セレスにちなんでセリアと命名した。このように、ほぼ同時期に発見されたため、どちらが第一発見者かを巡って国家間での論争を招いた。しかし、どちらも多数の土類元素を含んでおり、純粋な金属セリウムの単離の成功は、1875年にアメリカのウィリアム・ヒレブランド、トーマス・ノートンの2人による塩化セリウムの電気分解*を待たねばならなかった。

最も多いランタノイド

　セリウムは、最も多く地殻に存在するランタノイド*である。そのためセリウムは、ランタノイドの中で一番早く発見された元素である。最も多いランタノイドであるため豊富な生産が可能であり、ガス灯の発光剤として利用され、セリウムを使ったガス灯はガスマントルと呼ばれていた。

　電灯が普及し、ガスマントルの数が減った後、セリウムの用途はランタン（La）などとともに、ミッシュメタルの成分として用いられている。また、セリウムには400nm以下の紫外線を吸収する性質があり、紫外線殺菌装置やサングラスのレンズなどにも使われている。

Element Girls

59 Pr

頑丈な磁石を作り出す双子の妹

プラセオジム

Praseodymium

元素名の由来　ギリシャ語で「緑色の・ニラ色の(prason)」と「双子(didymos)」に由来する

「二人の磁力に敵なんていないよ！」

★ TRIVIA ★

プラセオジムイエローのほかに黄色を示す無機顔料には、黄鉛、カドミウムイエロー、チタンイエローなどがある。

SPEC

原子量	140.90765	融点	931℃	沸点	3512℃
密度	6773kg/m³	原子価	3,(4)	存在度	地表：3.9ppm　宇宙：0.1669

主な同位体　^{141}Pr(100%)、^{142}Pr(β^-、EC、19.13時間)、^{143}Pr(β^-、13.58日)、^{144m}Pr(IT、β^-、7.2分)、^{144}Pr(β^-、17.28分)

illustration by 鈴眼依疑

電子構造図 [Xe](4f)3(6s)2

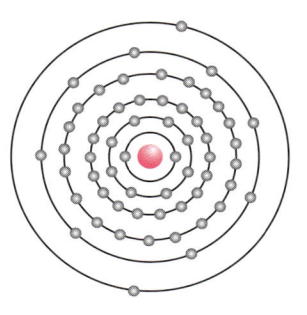

[185/(203)]

利用例

溶接ゴーグル

発見年	1885年（酸化物として分離）
発見者	カール・オーア・フォン・ヴェルスバッハ（オーストリア）
存在形態	モナズ石、バストネス石に含まれる。
利用例	釉薬（プラセオジムイエロー）、溶接作業用ゴーグル、光ファイバー（ファイバーアンプ）

黄色い顔料になる元素

　1885年、ヴェルスバッハは硝酸アンモニウムジジミウムを繰り返し分別結晶することで、プラセオジムとネオジムを分離することに成功した。また、同時に発見されたことからプラセオジムとネオジムはともに、その名に双子の意味を持っている。

　プラセオジムは銀白色の金属だが、酸化することで黄色になり、ジルコン（$ZrSiO_4$）に混ぜることによりプラセオジムイエローという顔料になる。このプラセオジムイエローは、希土類元素*からできた顔料としては最初に実用化された顔料である。

器用な磁石になる！

　酸化プラセオジムは青い光を吸収する性質を持ち、酸化ネオジムは黄色の光を吸収する特性を持つ。その特性を活かして、これらの酸化物を溶接作業などに使用するゴーグルのガラスに混ぜることによって、青色域と黄色域の光が吸収され目を傷つけずに済むのだ。

　また、プラセオジムとコバルトの化合物であるプラセオジム磁石は物理的な強度が高く、穴を開けたり切り取るなどの複雑な加工をするときでも割れや欠けが少ない。さらに、高温で熱することで曲げるといった加工もでき、酸化しにくいという特徴がある。しかし、コバルトを用いたプラセオジム磁石は価格が高いため、磁力が強くより安価なネオジム磁石の方が使用されている。

Element Girls

60 Nd — 最強の磁石を作り出す双子の姉

ネオジム　Neodymium

元素名の由来　ラテン語の「新しい(neos)」と「双子(didymos)」に由来する

★ TRIVIA ★
ネオジムは、YAGレーザーの添加剤としてレーザーメスに使われている。また、酸化ネオジムはガラスの赤色着色剤としても用いられている。

「最強の磁力の力を見せてやる!!」

SPEC

原子量	144.24	融点	1021℃	沸点	3068℃	
密度	7007kg/m^3	原子価	3	存在度	地表：16ppm	宇宙：0.8279
主な同位体	^{142}Nd(27.2%)、^{143}Nd(12.2%)、^{144}Nd(23.8%, 2.1×10^{15}年)、^{145}Nd(8.3%, >6×10^{16}年)、^{146}Nd(17.2%)、^{147}Nd(β^-、10.98日)、^{148}Nd(5.7%, >2.7×10^{18}年)、^{149}Nd(β^-、1.73時間)、^{150}Nd($\beta^-\beta^-$、5.6%)、^{151}Nd(β^-、12.44分)					

illustration by 鈴眠依縫

| 電子構造図 | [Xe](4f)4(6s)2 | 利用例 |

[185/(201)]

スピーカー

発見年	1885年
発見者	カール・オーア・ウォン・ヴェルスバッハ(オーストリア)
存在形態	モナズ石、バストネス石に含まれる。
利用例	永久磁石、スピーカー、レーザーメス、着色剤(Nd_2O_3)

人体に与える影響は特にない？

1885年、ヴェルスバッハによってプラセオジムと一緒に単離された元素である。ネオジムは、人体中にも極めて微量ではあるが存在している。だが、生物学的機能は持たず、植物もネオジムをあまり吸収しないために、体内にはほとんど摂取されることはない。医学的にも研究が進められたが、成果を得ることはできなかったのである。

一度付いたら離れない!?

ネオジムは、磁力が最も強い磁石である**ネオジム磁石**を作る元素としても知られ、この磁石は1983年に日本で開発されたものである。**ネオジム磁石**が開発される前までは**サマリウム磁石**が最強であったが、**ネオジム磁石**の方が1.5倍の強さを持ち、さらに原料も安いため、あらゆる面で最強の磁石である。

しかし、そんな**ネオジム磁石**にも開発当時には弱点があった。磁性を失う温度である**キュリー点**が、**サマリウム磁石**の約770℃に対し、**ネオジム磁石**は約300℃と低かったのである。現在では研究が重ねられ、このような欠点は改善されつつある。

ネオジム磁石はさまざまな用途に使用され、パソコンのハードディスクドライブや携帯電話などの振動モーターといった、私達の身近なものにも使われている。また、日本の1万円紙幣や米国の紙幣にはインクにわずかな磁性体が含まれており、**ネオジム磁石**に引き寄せられるため、偽札の検出が可能である。

Element Girls

61 Pm

繰り出す青白い炎で、暗闇を明るく照らす！

プロメチウム Promethium

元素名の由来　ギリシャ神話のプロメテウス（神々から火を盗んで人類に与えたとされる）に由来する

「この光には注意するがよい」

★ TRIVIA ★

プロメチウムの発見に繋がったモーズリーの提唱は「モーズリーの法則」と呼ばれる。これは特性X線を測定すれば原子核の陽子数がわかるというものである。

SPEC

原子量	[145]	融点	1168℃	沸点	2700℃
密度	7220kg/m³	原子価	3	存在度	地表：－　宇宙：－

主な同位体　^{147}Pm（β^-、2.6234 年）、^{149}Pm（β^-、53.08 時間）、^{151}Pm（β^-、28.40 時間）

illustration by 陸原一樹

電子構造図 [Xe](4f)5(6s)2

[185/(199)]

利用例

グローランプ

- **発見年** 1945年(発見)、1947年(発表)
- **発見者** J.A.マリンスキー、L.E.グレンデニン、チャールズ・コリエル(すべてアメリカ)
- **存在形態** ウラン崩壊で極めてわずかに生成される。発電用原子炉の使用済み核燃料から取り出される。
- **利用例** 夜光塗料、原子力電池、グローランプ

◯ 存在量はごくわずか!

　プロメチウムは放射性を持つ希土類元素*で、ランタノイド*系列に属する。天然ではほとんど存在せず、ウランの自発性核分裂で生成されるが、存在量はごくわずかである。そのため研究報告例は極めて少なく、プロメチウムの発見も希土類元素の中で最後であった。

　プロメチウムの存在が最初に示唆されたのは、1902年のことである。その後、1913年にはイギリスの物理学者ヘンリー・モーズリーが、原子番号と特製X線波長との関係から周期表の未発見元素を予測し、61番目の元素を主張した。

　そして1945年、マリンスキー、グレンデニン、コリエルの3人からなる研究チームが、原子炉から取り出したウランの核分裂生成物を「陽イオン交換クロマトグラフィ法」という方法で分離し、未発見の希土類元素を見つけ出したのである。

◯ 研究目的だけじゃない?

　プロメチウムの生産量は微量で、しかも同位体*がすべて放射性であり、寿命の長い同位体は存在しない。そのため、ほとんどのプロメチウムは研究目的で利用されているが、暗闇で青白く光る性質を持つため、時計の文字盤の夜光塗料として使われることもあった。この夜光塗料は、プロメチウムが放射するβ線によって硫化亜鉛が輝く反応を利用した塗料である。しかし、放射性物質の危険性が問題視されるようになり、現在の日本では全廃されてしまった。

Element Girls

62 Sm

強い磁力を備え持った、時の旅人

サマリウム — Samarium

元素名の由来：サマルスキー石（Samaruskite）から発見されたことに由来する

> 次はどの時代へ行こうかしら

★ TRIVIA ★

^{147}Sm は、1000億年の半減期でネオジム（^{143}Nd）へと α崩壊する。このため、太陽系の生まれたころの年代を知る測定時計として使われる。

SPEC

原子量	150.36	融点	1077℃	沸点	1791℃
密度	7520kg/m³	原子価	(2),3	存在度	地表：3.5ppm　宇宙：0.2582

主な同位体： ^{144}Sm(3.07%)、^{147}Sm(14.99%、α、1.0×10^{11}年)、^{148}Sm(11.24%、α、7×10^{15}年)、^{149}Sm(13.82%、>1×10^{16}年)、^{150}Sm(7.38%)、^{151}Sm(β⁻、90年)、^{152}Sm(26.75%)、^{153}Sm(β⁻、46.70時間)、^{154}Sm(22.75%)

illustration by 八篠姫

電子構造図 [Xe](4f)₆(6s)₂

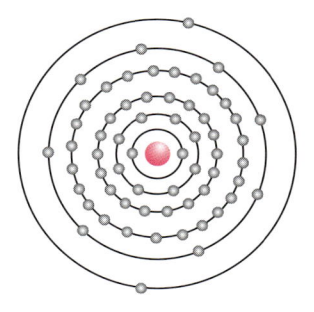

$[Xe](4f)_6(6s)_2$

[185/(198)]

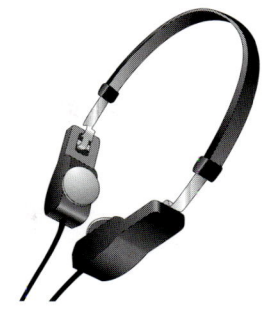

利用例

ヘッドホン

発見年	1879年（不純物を含む状態で分離）
発見者	ポール＝エミール・ルコック・ド＝ボアボードラン（フランス）
存在形態	モナズ石、バストネス石に含まれる。
利用例	サマリウム磁石、1電子還元剤（SmI_2）、年代測定（^{147}Sm）、レーザー材料、ヘッドホン

◉ ジジミウムから発見された元素

　サマリウムは、1879年に発見された金属元素である。1803年に発見されたセリウムは、いくつもの元素を含んでいるといわれており、1879年にセリウムからランタンとジジミウムが分離された。そして、そのジジミウムも産地によってスペクトル*が異なることが判明し、1879年にフランスの化学者ボアボードランは、ジジミウムが混合物であり新元素が含まれていることを突き止めたのである。彼は、サマルスキー石から新元素を抽出したため、この新元素にサマリウムと名付けた。

◉ 強力な磁石の原料！

　サマリウムは磁石の原料として利用されている。コバルトとサマリウムの合金は、通常の鉄に比べ、一万倍以上も強力な磁石となり、ネオジム磁石が開発されるまでは最強の永久磁石として、モーターやヘッドホンなどに利用されていた。現在でも、700℃の高温でも磁性を保てることから、マイクロ波機器に盛んに利用されている。このような磁石は**希土類磁石**と呼ばれており、小型軽量機器には欠かせない存在である。また、酸化サマリウムは赤外線を吸収する働きを持つ。そのため、セラミックスやガラスの製造時に使われる。ほかにも、赤外線に高感度な蛍光体、原子力発電の中性子吸収制御棒*など、さまざまな用途を持つ。フッ化カルシウムにサマリウムを添加したものはレーザーやメーザー材料として使われ、鋼鉄を切断することもできる。

Element Girls

63 Eu

真っ赤な蛍光ビームで明るくします！

ユウロピウム　　Europium

元素名の由来　ヨーロッパ大陸に由来する

「電子ビーム
くらわせ
ちゃうよ！」

★ TRIVIA ★

郵送済みの葉書に、ある一定の波長の紫外線を当てるとバーコードが浮かび上がる。これはユウロピウムの化合物を含んだインクによるものである。

SPEC

原子量	151.964	融点	822℃	沸点	1597℃
密度	5243kg/m³	原子価	2,3	存在度	地表：1.1ppm　宇宙：0.0973

主な同位体　^{151}Eu(47.81%)、^{152m1}Eu(β^-、EC、β^+、9.32 時間)、^{152}Eu(β^-、EC、β^+、13.33 年)、
^{153}Eu(52.19%)、^{154}Eu(β^-、EC、β^+、8.8 年)、^{155}Eu(β^-、4.96 年)

illustration by 中山かつみ

| 電子構造図 | [Xe](4f)₇(6s)₂ | 利用例 |

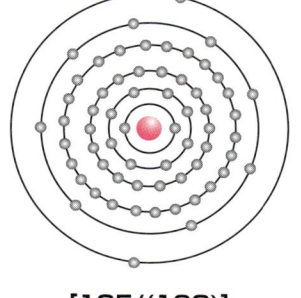

[185/(198)]

ブラウン管テレビ

発見年	1901年（サマリウム塩から分離）
発見者	ウジェーヌ・アナトール・ドマルセイ（フランス）
存在形態	モナズ石、バストネス石に含まれる。
利用例	ブラウン管、蛍光灯、蛍光インク、免疫反応用の蛍光標識剤（イムノアッセイ）、NMRシフト試薬

◆ ランタノイドの中で最も反応性が高い元素

　ユウロピウムは銀白色の軟らかい金属で、ランタノイド*系列の中で最も反応性に富んだ元素である。1896年にフランスのドマルセイは、当時、純物質と思われていたサマリウムの中から新しい金属酸化物を発見し、1901年に分別結晶を繰り返すことでユウロピウムを分離した。彼に、硫酸ユウロピウム（$EuSO_4$）が難溶性であるという化学的知識があれば、分離にこれほど長い時間を要しなかったといわれている。

　通常、希土類元素*の原子は3個の電子を失った状態、つまり3価のイオンで安定する。しかし、ユウロピウムは2価のイオンでも安定して存在することが可能である。このEu^{2+}は、斜長石類の中に含まれていることが多く、月面で採取された岩石試料の中に高濃度のユウロピウムが発見されている。

◆ 赤く光るテレビの発光源！

　ユウロピウムは、ブラウン管テレビにおける赤色発光源である。希土類元素には、電子ビームを照射することで光を放つ蛍光という現象を持ち、赤色を放つのがユウロピウムである。この性質を利用し、イットリウムとバナジウムの酸化物にユウロピウムを混ぜた蛍光体は、液晶テレビにも利用されている。実は、ユウロピウムの発光は赤だけではない。低酸化数のものは青色の蛍光を発する。例えば街路用の照明灯は、水銀蒸気に微量のユウロピウムを添加して、自然光に近い光を発しているのである。

Element Girls

64 Gd — 未来の冷凍システムを担う、冷んやり娘

ガドリニウム　Gadolinium

元素名の由来：最初に発見された希土類元素イットリウムの発見者ガドリンに由来する

「冷たいけど環境にもアナタにもやさしいのよ♥」

★ TRIVIA ★

ガドリニウムの発見は、サマリウムの発見を知った化学教授のマリニャクによる。彼が追試を行った際に別の酸化物の存在を知り、新元素の発見に繋がった。

SPEC

原子量	157.25	融点	1313℃	沸点	3266℃
密度	7900kg/m³	原子価	3	存在度	地表：3.3ppm　宇宙：0.3300

主な同位体：^{152}Gd (0.20%、α、1.08×10^{14}年)、^{153}Gd (EC、241.6日)、^{154}Gd (2.18%)、^{155}Gd (14.80%)、^{156}Gd (20.47%)、^{157}Gd (15.65%)、^{158}Gd (24.84%)、^{159}Gd (β^-、18.56時間)、^{160}Gd (21.86%)

illustration by 鍋島テツヒロ

電子構造図 [Xe](4f)7(5d)1(6s)2

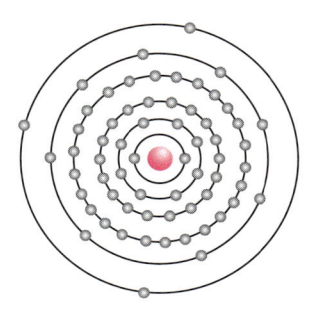

[180/(196)]

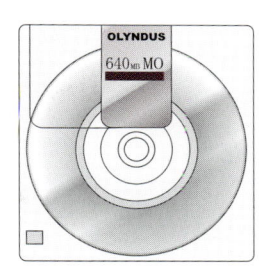

利用例

MOディスク

発見年	1880年
発見者	ジャン・シャルル・ガリサール・ド・マリニャク（スイス）
存在形態	モナズ石、バストネス石に含まれる。
利用例	磁性材料、造影剤、光磁気ディスク、原子消火剤、磁気冷凍材料

中性子吸収力と冷却システム

　ガドリニウムは、軟らかくて輝きのある銀色の金属元素で、ランタノイド*系列に属し、希土類元素*を含む鉱物にはすべて含まれている。天然に存在する同位体*は7種類あり、その中の^{125}Gdのみが放射性同位体である。この半減期は極めて長いため、放射能や蛍光能力が非常に弱い。そのため、ほかの希土類蛍光の支持剤として利用されている。

　ガドリニウム最大の特徴は、著しい中性子捕獲能力と、鉄と同等の強磁性を持つことである。15のランタノイドのうち、ガドリニウムの中性子吸収力は大きく、全元素中最大を誇る。特に、同位体^{157}Gdが最も中性子を吸収する能力に優れており、原子力発電での中性子の制御に利用されている。しかしガドリニウムは、中性子を多く吸収する分、その効果も早く消えてしまう。そのため、原子炉を緊急停止する原子消火剤として使われることがある。またガドリニウムは、20℃を超えると強磁性を失ってしまう。この性質は、磁気冷凍に利用できる可能性を示している。以前は、冷蔵庫などの冷媒にはフロンが利用されていたが、オゾン層を破壊する温室効果ガスを排出するとして、現在では使用が禁止されている。ガドリニウムを使った冷凍システムは、環境に優しく省エネとなるため、次世代の冷凍システムとして研究が続けられている。このほかでは、金属ガドリニウムの合金として、光磁気ディスクの材料やMRI（磁気共鳴画像診断法）のイメージング剤にガドリニウムの化合物が用いられている。

Element Girls

65 Tb テルビウム / Terbium

どんな情報もこの記録システムにお任せ！

元素名の由来: 発見されたスウェーデンの小さな鉱山町イッテルビー村（Ytterby）に由来する

> ディスクの情報は、ヒ・ミ・ツ♪

★ TRIVIA ★
テルビウムは、水とは徐々に、酸とは速やかに反応して溶ける。また、三価の化合物のほかにも四価の化合物が存在する。

SPEC
- 原子量: 158.92534
- 融点: 1356℃
- 沸点: 3123℃
- 密度: 8229kg/m³
- 原子価: 3,4
- 存在度: 地表：0.6ppm　宇宙：0.0603
- 主な同位体: ^{157}Tb（EC, 150 年）, ^{159}Tb（100%）, ^{160}Tb（β^-, 72.3 日）, ^{161}Tb（β^-, 6.91 日）

illustration by 大吉

電子構造図 [Xe](4f)9(6s)2

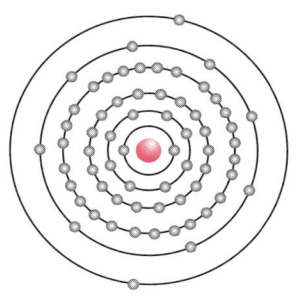

[180/(194)]

利用例

インクジェットプリンタ

発見年	1843年
発見者	カール・グスタフ・ムーサンデル(スウェーデン)
存在形態	モナズ石、バストネス石に含まれる。
利用例	合金、印字ヘッド、光磁気ディスク

◉ イットリア（酸化イットリウム）から発見された元素

　テルビウムは銀白色の金属で、主にガドリン石やセル石、ゼノタイムなどに含まれている。1843年にスウェーデンの化学者ムーサンデルによって発見された。彼は当時まで純物質であると考えられていたイットリアに、ほかの未発見元素が含まれていると考え、見事新元素の単離に成功したのである。これには、その数年前にセリア（酸化セリウム）からランタンやジジミウムが分離されたことによる示唆があった。最も純粋なテルビウムが得られるようになったのは、イオン交換分離*が開発された近年のことである。

◉ 電子機器に利用される2つの合金

　テルビウムはランタノイド*系列の中でも希産な元素に属する。テルビウムの資源鉱物も、存在量は1％にも満たない。このように存在比が低く、かつ高価であるため実用的用途はあまりないが、主に2つの合金として利用されている。ひとつはテルビウム - ジスプロシウム - 鉄合金である。これは、磁場によって伸び縮みを起こす性質を利用して、インクジェット印字ヘッドに利用されている。もうひとつはテルビウム - 鉄 - コバルト合金で、光磁気ディスクの磁性体や音楽用MDの磁性膜に利用されている。この合金は、ある一定の温度で磁性を失い、冷やすと磁性を取り戻すというテルビウムの性質を利用している。レーザー光線による加熱で磁性を失わせることにより記録を消去し、磁場をかけながら冷やすことで記録を書き込んでいるのだ。

Element Girls

66 Dy — ジスプロシウム (Dysprosium)

背中に生えた自慢の羽は立派な蓄光材

元素名の由来：ギリシャ語の「近づき難い・極めて得難い(dysprositos)」に由来する

> 光る羽で夜行飛行も平気だよ！

★ TRIVIA ★
ジスプロシウムは、磁歪の性質を活かし、カラープリンタのヘッドや各種センサーなどにも利用されている。

SPEC
原子量	162.500	融点	1412℃	沸点	2562℃
密度	8550kg/m³	原子価	3	存在度	地表：3.7ppm　宇宙：0.3942

主な同位体：^{156}Dy(0.06%、1.0×10^{18} 年)、^{157}Dy(EC、β^+、8.1 時間)、^{158}Dy(0.10%)、^{160}Dy(2.34%)、^{161}Dy(18.91%)、^{162}Dy(25.51%)、^{163}Dy(24.90%)、^{164}Dy(28.18%)、^{165}Dy(β^-、2.334 時間)

illustration by 瑠璃石

| 電子構造図 | [Xe](4f)₁₀(6s)₂ | 利用例 |

[175/(192)]

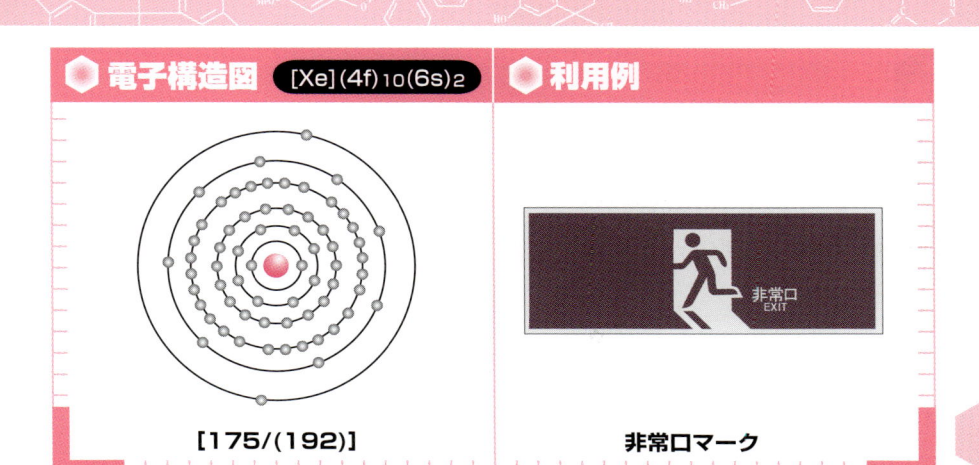

非常口マーク

発見年	1886年（不純物を含む）
発見者	ポール＝エミール・ルコック・ド＝ボアボードラン（フランス）
存在形態	モナズ石、バストネス石に含まれる。
利用例	蛍光塗料、光磁気ディスクの材料

● 単離が困難な元素

　ジスプロシウムは明るい銀白色の金属で、ランタノイド*系列に属する。天然に存在する同位体*は7種類あり、すべて安定していて放射性は持たない。1886年に発見されたジスプロシウムは、イットリアの精製・分析の研究によって見つかった。イットリアから発見されたエルビウムは、まだ別の希土類元素*を含んでおり、そこからホルミウムとツリウムが発見された。そして1886年にフランスのボアボードランによって、ホルミウムから単離されたのがジスプロシウムである。元素名に"近づき難い、手に入れにくい"という意味を持つほど、ジスプロシウムの単離は非常に困難を極めるものだった。

● 長時間の発光が可能な夢の蓄光材

　蛍光塗料のルミノーバには、蓄光材にジスプロシウムを使用している。ルミノーバとは、放射線物質を一切含まず、10分間日光を当てるだけで約10時間光り続ける蓄光顔料で、1993年に日本の夜光塗料会社によって開発された。ジスプロシウムのような希土類元素を組み合わせることによって、蓄光性がより強まるのである。非常口のマークなどの誘導標識は、停電時にも発光できるようルミノーバが利用されている。また、ジスプロシウム合金であるテルフェノールは、磁場によって長さが変化する「磁歪(じわい)」という性質を持つ。磁歪合金は大量のエネルギーを吸収することができるため、小型モーターやポンプなどに活用するなど、現在盛んな研究が行われている。

Element Girls

67 Ho

元素の音を聴いて波長をチューニング！？

ホルミウム　　Holmium

元素名の由来 スウェーデンのストックホルムのラテン語古名、「Holmia」に由来する

「元素さんの調整しなくちゃっ!!」

★ TRIVIA ★
YAGレーザーは、排尿障害の原因である前立腺肥大症の治療や、尿道結石の破砕に大変有効である。

SPEC

原子量	164.93032	融点	1474℃	沸点	2695℃	
密度	8795kg/m³	原子価	3	存在度	地表：0.78ppm	宇宙：0.0889
主な同位体	¹⁶⁵Ho(100%)、¹⁶⁶Ho(β⁻、26.81時間)					

illustration by よつ葉真澄

電子構造図 [Xe](4f)₁₁(6s)₂

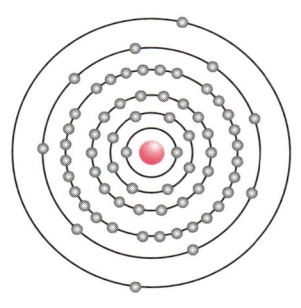

[175/(192)]

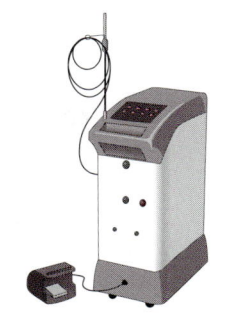

利用例

医療用レーザー

発見年	1879年
発見者	ペール・テオドール・クレーヴェ（スウェーデン）
存在形態	モナズ石、バストネス石に含まれる。
利用例	ホルミウムレーザー、色ガラス、分光光度計の調整、最強磁場用マグネット材料

◯ 純金属の単離までの道

　ランタノイド*系列に属するホルミウムは、軟らかい銀色の金属元素でモナズ石やバストネス石などに含まれる。1879年にイットリアから単離されたホルミウムだが、これは純粋な元素ではなく、数年後にはホルミウムから別の新元素ジスプロシウムが単離された。純粋なホルミウムが単離されたのは1911年のことで、さらに純金属としての単離が可能となったのは、イオン交換分離*法が開発されてからのことである。

◯ 医療分野で大活躍

　ホルミウムは希少で高価なことからあまり利用されていなかったが、近年ではホルミウムレーザーが治療器に利用されるなど、大変注目を浴びるようになった。ホルミウムレーザーの最大の特長は、切開と同時に止血ができることであり、光ファイバーによる減衰も少なくレーザーメスには好適である。また、通常のレーザーに比べて発熱が少ないため組織への影響が少なく、組織深達度も浅いことから安全性も高いのである。

　このほかの利用では、物質の吸収スペクトル*を測定する分光光度計の波長校正用フィルタに用いられている。分光光度計を使って定量実験などをする場合、正確な定量には校正*が必要不可欠だ。その校正の働きを担っているのがホルミウムである。ホルミウムフィルタは、波長範囲250～600nmのものを校正することができ、これよりも波長が長い場合は、ネオジムフィルタが使用されている。

Element Girls

68 Er

どんな長距離も私の足でひとっ飛び！

エルビウム / Erbium

元素名の由来：発見されたスウェーデンの小さな鉱山町イッテルビー村(Ytterby)に由来する

> 誰も私には追いつけないわ

★ TRIVIA ★

エルビウムの分離に時間がかかった理由には、ランタノイドの類似性以外にも、ガドリン石やセル石が手に入れにくかったことが挙げられる。

SPEC

原子量	167.259	融点	1529℃	沸点	2863℃	
密度	9066kg/m³	原子価	3	存在度	地表：2.2ppm	宇宙：0.2508
主な同位体	¹⁶²Er(0.14%)、¹⁶⁴Er(1.61%)、¹⁶⁶Er(33.61%)、¹⁶⁷Er(22.93%)、¹⁶⁸Er(26.78%)、¹⁶⁹Er(β⁻、9.40日)、¹⁷⁰Er(14.93%)、¹⁷¹Er(β⁻、7.51時間)					

illustration by spaike77

電子構造図 [Xe](4f)12(6s)2

利用例

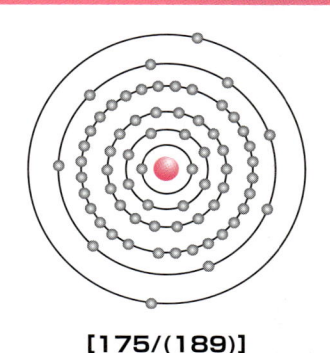

[175/(189)]

保護用眼鏡（色付き）

- 発見年：1843年（不純物を含む）
- 発見者：カーム・グスタフ・ムーサンデル（スウェーデン）
- 存在形態：モナズ石、バストネス石に含まれる。
- 利用例：色ガラス、光ファイバーの添加剤、中性子捕獲材、保護用眼鏡

エルビウムから6つの元素が！？

　エルビウムは銀白色の金属で、ランタノイド*系列の中でも豊富に存在する元素である。エルビウムを多く含む鉱物には、ゼノタイムとユークセン石がある。

　1843年にスウェーデンの化学者ムーサンデルによって発見されたエルビウムだが、このとき発見されたのは純粋なものではなく、ジスプロシウム、ホルミウム、ツリウム、ルテチウム、イッテルビウム、スカンジウムの6つの元素が含まれていた。ほぼ純粋な形で分離に成功したのは1879年、高純度の金属エルビウムが単離されたのは、1934年のクレムとボンマーらによってのことである。

インターネットを支える、光を増幅する働き

　エルビウムは主に、YAGレーザーへの添加剤と光ファイバーの光信号を増幅するための添加剤に用いられる。現在、通信に使用されている光ファイバーは、長距離通信では徐々に信号が弱まってしまう欠点がある。ところがエルビウムを添加したファイバーを設置することで、光ファイバーの伝送距離は100倍にも伸びるのである。

　また酸化エルビウムは、紫外線領域の光の吸収率が高いので、ガラス細工職人や溶接工などが使用する安全眼鏡のガラスに添加されている。目を保護するだけでなく、エルビウムを添加したガラスは鮮やかなピンク色を示すため、ガラスの着色剤、宝飾品などにも利用されている。

Element Girls

69 Tm

最果ての北極地で、放射能を測定します

ツリウム / Thulium

元素名の由来　世界の最果て、北極の地「ultimate Thule」、スカンジナビア半島の旧地名ツーレ(Thule)など、諸説ある

> 北の地で研究されるのを待ってます

★ TRIVIA ★

ツリウムのようなランタノイド元素の存在量は、原子番号が偶数のものは多く存在し、奇数のものは少ない。

SPEC

原子量	168.93421	融点	1545℃	沸点	1950℃
密度	9321kg/m³	原子価	3	存在度	地表：0.32ppm　宇宙：0.0378

主な同位体　^{169}Tm(100%)、^{170}Tm(β^-、EC、128.6日)、^{171}Tm(β^-、1.9年)

illustration by アザミユウコ

電子構造図 [Xe](4f)13(6s)2　　**利用例**

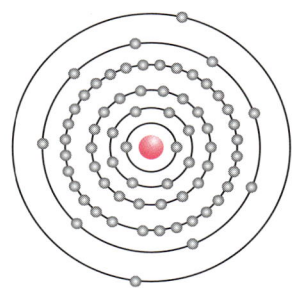

[175/(190)]　　光ファイバー

発見年	1879年
発見者	ペール・テオドール・クレーヴェ（スウェーデン）
存在形態	モナズ石、バストネス石に含まれる。
利用例	光ファイバー、放射線量計

まだまだ発見されるランタノイド

　ツリウムは明るい銀色の金属で、空気中ではゆっくりと黒変するが、ランタノイド*系列の中では最も酸化に対して抵抗力のある元素である。1879年にスウェーデンの化学者クレーヴェによって、ツリウムは発見された。1843年にイットリアからエルビウムとテルビウムが分離されたが、クレーヴェがエルビウムを調べたところ、産地によって原子量が変化することに気付いたのである。彼は、エルビウムには未知の元素が含まれていることを明らかにし、1878年にホルミウム、そして1879年にツリウムの分離を成功させた。

　1911年には、アメリカの化学者セオドア・ウィリアム・リチャーズが臭素酸ツリウムを15,000回も再結晶を繰り返し、純粋なツリウムの化合物を得ることに成功した。

放射線を測定する用途

　ツリウムはランタノイド系列の中でプロメチウムの次に希産で、非常に高コストな元素である。そのため、新しい用途の研究はあまり行われていないが、光ファイバーやレーザーの添加剤として用いられるほか、放射能や放射線を測定する放射線量計の成分として使用されている。放射線量計の一種である熱ルミネセンス線量計には、硫酸カルシウム、フッ化リチウム、ツリウムなどの物質が含まれており、放射線を照射した後に熱を加えると発光する性質を利用している。そのほか、原子炉で中性子照射したツリウムは、携帯用X線源として使われる。

Element Girls

70 Yb イッテルビウム Ytterbium

元素社会の重圧にも変幻自在に対処！

元素名の由来　発見されたスウェーデンの小さな鉱山町イッテルビー村(Ytterby)に由来する

> 世渡り上手のバチ当たりかしら？

★ TRIVIA ★

イッテルビウム・YAGレーザーは、米空軍の空中発射レーザーシステムに利用されている。

SPEC

原子量	173.04	融点	824℃	沸点	1193℃
密度	6965kg/m³	原子価	2,3	存在度	地表：2.2ppm　宇宙：0.2479

主な同位体　¹⁶⁸Yb(0.13%)、¹⁶⁹Yb(EC、32.02日)、¹⁷⁰Yb(3.04%)、¹⁷¹Yb(14.28%)、¹⁷²Yb(21.83%)、¹⁷³Yb(16.13%)、¹⁷⁴Yb(31.83%)、¹⁷⁵Yb(β⁻、4.19日)、¹⁷⁶Yb(12.76%)、¹⁷⁷Yb(β⁻、1.9時間)

illustration by 希封天

電子構造図 [Xe](4f)14(6s)2

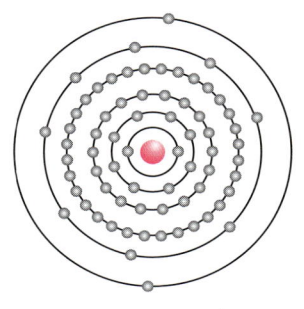

[175/(187)]

利用例

コンデンサ

発見年	1878 年（不純物を含む）
発見者	ジャン・シャルル・ガリサール・ド・マリニャク（スイス）
存在形態	モナズ石、バストネス石に含まれる。
利用例	ガラスの着色剤、コンデンサ、ルイス酸触媒

◆ どんな元素？

　イッテルビウムは軟らかい銀白色の金属で、モナズ石やバストネス石から抽出される。1878 年にスイスの化学者マリニャクによって単離されたイッテルビウムも、イットリウムの発見から始まった一連の希土類元素*のひとつである。

　1937 年に、塩化イッテルビウムを金属カリウムと一緒に加熱することで、初めて金属イッテルビウムとして調製された。しかし、このときに得られたイッテルビウムは純粋ではなく、1953 年になってようやく純粋な金属イッテルビウムを得ることができたのである。

◆ 圧力が変わると電気伝導度も変わる、不思議な力！

　イッテルビウムには、圧力に応じて電気伝導度を変える性質を持っている。1 気圧では伝導体*であるが、圧力とともに抵抗が大きくなり、16,000 気圧では半導体*となる。だが、40,000 気圧に到達すると再び伝導体に戻ってしまうのだ。このようなイッテルビウムの性質は、超高圧力センサーに利用されている。イッテルビウムの抵抗が変わり、流れる電流が変わることによって、さまざまな衝撃波の強さが測れるという仕組みである。

　このほかには、ほかのランタノイド*系列同様、蛍光体や電子デバイスとしての用途や、環境汚染を及ぼす元素の代替として、化学工業における触媒にも用いられる。といっても、これらに利用されているイッテルビウムの量は微々たるもので、商業的利用は今のところほとんどないといってよい。

Element Girls

71 Lu

くっついたら離れない寂しがりやの元素
ルテチウム   Lutetium

元素名の由来　ローマ時代のパリの古名でラテン語のルテシア(Lutetia)に由来する

「……鉱物から離れたくないよ」

★ TRIVIA ★

ルテチウムを含むランタノイド元素は、原子番号が大きくなるほどイオン半径、もしくは原子半径が小さくなる。

SPEC

原子量	174.967	融点	1663℃	沸点	3395℃
密度	9840kg/m³	原子価	3	存在度	地表：0.3ppm　宇宙：0.0367

主な同位体　^{175}Lu(97.41%)、^{176m}Lu(β^-、EC、3.635 時間)、^{176}Lu(2.59%、β^-、3.59 × 10^{10} 年)、^{177}Lu(β^-、6.71 日)

illustration by 希封天

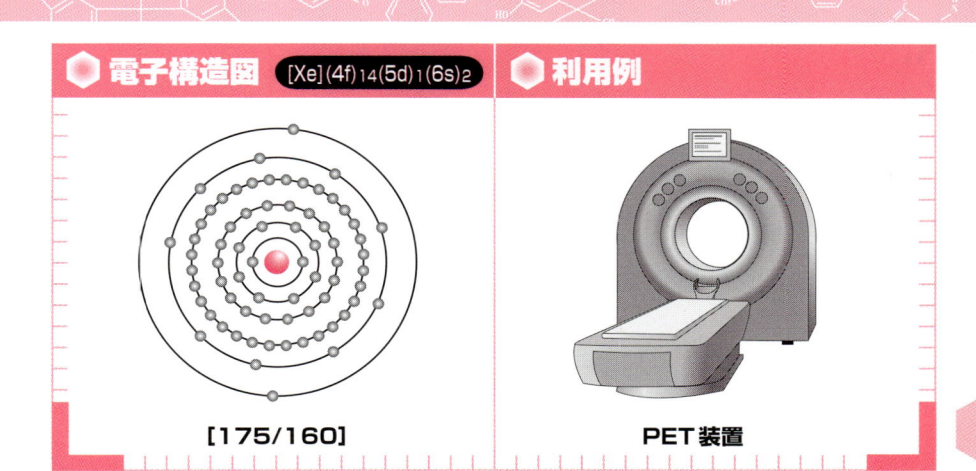

電子構造図 [Xe](4f)14(5d)1(6s)2

[175/160]

利用例

PET装置

発見年	1905年(発見)、1907年(単離)
発見者	ジョルジュ・ユルバン(フランス)、カール・オーア・フォン・ヴェルスバッハ(ドイツ)
存在形態	モナズ石、バストネス石に含まれる。
利用例	PET装置

● ランタノイド最後の元素

　ルテチウムは銀色の硬い金属元素で、1905年に発見された最後の天然ランタノイド*元素であり、ランタノイド元素を含む鉱物のどれにも含まれる。1803年のセリアの発見からルテチウムの単離まで実に100年近くもかかっており、それほどランタノイド元素の分離は困難を極めた作業であった。実は、ユルバンがルテチウムを発見したのとほぼ同時期に、ドイツの化学者ヴェルスバッハもルテチウムを発見している。彼は、この新元素をカシオペア座にちなんで「カシオピウム」と命名したのだが、なぜかこの元素名は公認されなかった。

● 金やプラチナよりも高額！　世界で最も高価な金属

　ルテチウムは微量な元素であるが、金やプラチナよりもはるかに多く存在する。しかし、分離が非常に困難であることから、高価な貴金属に比べてはるかに高額であるため、研究利用以外にはほとんど使われていない。金属ルテチウムは、フッ化ルテチウムを金属カルシウムと加熱することで得られるが、研究目的以外に使用されることもないため、生産もされていない。実用的な用途としては、放射性同位体の^{177}Luが、高エネルギーのβ線を放出するので放射線治療に利用されることくらいである。このほかには、窒化ケイ素セラミックスに酸化ルテチウムを加えると、耐熱性が著しく向上し、1,500℃の高温にも耐えることができる。このセラミックスは冷却装置が不要となるため、省エネルギーの電力供給システムとして開発が期待されている。

Element Girls

72 Hf — ハフニウム Hafnium

中性子を吸って原子炉を制御するメイドさん

元素名の由来：コペンハーゲン市のラテン名ハフニア(Hafnia)に由来する

「中性子の お掃除に 来ましたよ〜」

★ TRIVIA ★
^{176}Hfには、ルテチウム(^{176}Lu)が変化してできた成分が含まれる。この性質は、岩石の年代や、地殻とマントルの進化を解明する研究に利用される。

SPEC
- 原子量：178.49
- 融点：2230℃
- 沸点：5197℃
- 密度：12000kg/m³（液体）、13310kg/m³（固体）
- 原子価：(3),4
- 存在度：地表：3ppm　宇宙：0.154
- 主な同位体：^{174}Hf(0.16%、α、2.0×10^{15}年)、^{175}Hf(EC、70日)、^{176}Hf(5.26%)、^{177}Hf(18.60%)、^{178}Hf(27.28%)、^{179}Hf(13.62%)、^{180m}Hf(IT、β^-、5.519時間)、^{180}Hf(35.08%)、^{181}Hf(β^-、42.39日)

illustration by たはるコウスケ

電子構造図 [Xe](4f)₁₄(5d)₂(6s)₂

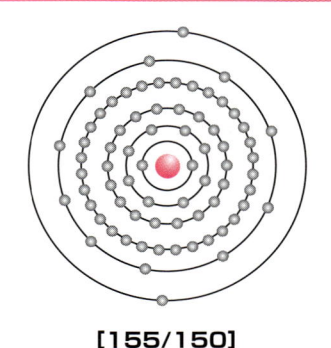

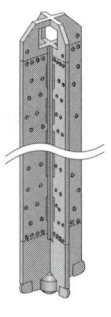

[155/150]

利用例

制御棒

発見年	1923 年
発見者	ディルク・コスター（オランダ）、ジョージ・ヘベシー（ハンガリー）
存在形態	モナズ石、ジルコン、バッデレイ石、ハフノンに含まれる。
利用例	原子炉の制御棒、エステル化触媒（HfCl₄・THF 錯体）、合金

● そっくりな 2 つの元素！

　ハフニウムは銀色の光沢のある金属で、延性に富み、耐食性にも優れている。同じ 4 族元素のジルコニウムと性質が似ている（イオン半径*がどちらも 0.85Å 前後）ことから、分離するのは極めて難しい。そのため、希少元素よりもずっと多く存在しているが、なかなかその存在に気付かれず、ハフニウムの発見は 19 世紀に入ってからであった。1923 年、デンマークの物理学者ボーアはスペクトル研究により、ランタノイド*元素は 57 番から 71 番で終わり、72 番元素は周期表のジルコニウムの下にくることを予測した。その予測をもとに、デンマークのボーア研究所に所属していたコスターとヘベシーは、ジルコニウムを含む鉱物を分析し、新元素ハフニウムを発見したのである。

● 中性子の吸収率に違いあり！

　化学的性質が非常に似たハフニウムとジルコニウムだが、ハフニウムは電子が内部に多く詰まっていることに加えて、中性子を吸収しやすいのに対し、ジルコニウムは天然金属の中で最も中性子を吸収しにくい性質を持つ。そのため、ハフニウムは原子力発電所や原子力潜水艦の原子炉の制御棒*に使用され、ジルコニウムは原子炉の燃料棒として使用されている。しかし、これらの用途に両元素を使うためには、2 つの元素を徹底的に分離する手間がかかる。そのうえ、非常に高価な金属であるため、大きな原子炉一基当たりに必要な 50 本の制御棒には、約 100 万ドルものコストがかかってしまう。

Element Girls

73 Ta

人工骨にも使われる！じれったい元素娘

タンタル　Tantalum

元素名の由来　ギリシャ神話に登場する神々から罰を受けた王「タンタロス（Tantalus）」に由来する

> 骨の髄まで苦しめてあげる

★ TRIVIA ★

2000年ごろになると、1年間でタンタルの値段が約10倍に急騰した。これは、携帯電話の急速な普及を受けたものである。

SPEC

原子量	180.9479	融点	2996℃	沸点	5425℃	
密度	16654kg/m³	原子価	(1),(2),(3),4,5	存在度	地表：1ppm	宇宙：0.0207
主な同位体	¹⁸⁰Ta（β⁻、EC、8.152時間）、¹⁸¹Ta（99.988%）、¹⁸²Ta（β⁻、115日）					

illustration by 八幡瑛

電子構造図 [Xe](4f)14(5d)3(6s)2	利用例
[145/138]	コンデンサ

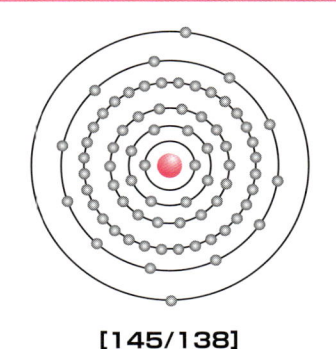

発見年	1802 年
発見者	アンデルス・グスタフ・エーケベリ（スウェーデン）
存在形態	コロンブ石、イットロタンタル石、フェルグソン石などに含まれ、ときに純度の高い鉱床で存在する。
利用例	人工骨、インプラント治療、電解コンデンサの電極、耐食性容器、特殊レンズ

◯ 化学者たちを困らせた元素

　タンタルは輝きを持った銀色の金属で、融点が極めて高く酸にも強いため、化学反応を起こしにくい。また、性質が非常によく似た同族元素ニオブと共存しているため、分離抽出が極めて難しい元素である。

　元素名の由来となっている「タンタロス」とは、ギリシャ神話の主神ゼウスの息子であるが、タンタロスは懲罰を受け、苦しみを絶えず与えられていた。この神話のとおり、タンタロスには「人をじらして苦しめる」という意味がある。鉱石の中からタンタルが発見されるまでの長い間、化学者たちが苦しみ続けたことから、この名前が付けられたのである。

◯ コンデンサで電子機器の普及へ

　上記で述べた性質に加え、タンタルは高温で強度が強く、蒸気圧も高い。そのため、タングステンが使われる以前は、電球のフィラメントとして用いられており、現在でも真空管やレーザー用電子管の材料に使用されている。また、磁性に優れた性質を活かし、**電解コンデンサ**としても用いられている。タンタルを利用したコンデンサは、一般的なコンデンサの約 60 分の 1 の大きさで同じ性能を保つことができる。携帯電話をはじめとする電子機器にコンデンサは必要不可欠であり、電子機器の普及にタンタルは大きく貢献したのである。しかし、電子機器の急速な普及によってタンタルの価格が高騰したため、現在では安価なニオブコンデンサの研究が行われている。

Element Girls

74 W

ピカッと明るい光を皆さんにお届けします!!

タングステン Tungsten (Wolfram)

元素名の由来　スウェーデンの言葉で「重い (tung) 石 (sten)」の意味に由来する

> それじゃ照明当てますね〜

★ TRIVIA ★

タングステン製のフィラメントを発明したのは、発明家エジソンが創立したゼネラルエレクトリック社の研究者である。

SPEC

原子量	183.84	融点	3410℃	沸点	5657℃
密度	19300kg/m³	原子価	1,2,3,4,5,6	存在度	地表：1ppm　宇宙：0.133

主な同位体　^{180}W(0.12%)、^{181}W(EC、121.2 日)、^{182}W(26.50%)、^{183}W(14.31%)、^{184}W(30.64%)、^{185}W(β^-、75.1 日)、^{186}W(28.43%)、^{187}W(β^-、23.9 時間)、^{188}W(β^-、69.4 日)

illustration by あや

| 電子構造図 | [Xe](4f)₁₄(5d)₄(6s)₂ |

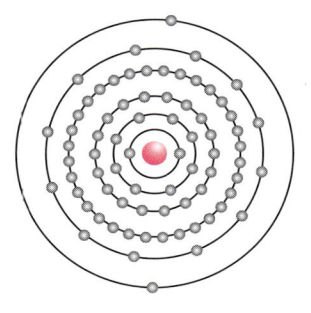

[135/146]

利用例

白熱電球（フィラメント）

発見年	1781年（酸化物として分離）、1783年（金属として単離）
発見者	カール・ヴィルヘルム・シェーレ（スウェーデン：1781年）、ファン・ホセ・エルイヤール、ファウスト・エルイヤール（スペイン：1783年）
存在形態	灰重石（シェーライト $CaWO_4$）、鉄マンガン重石 $(Fe,Mn)WO_4 \cdot nH_2O$ などに含まれる。
利用例	フィラメント、ボールペン、切削材料、歯科用ドリル、タングステン鋼、ハンマー投げのハンマー

● タングステンの元素記号の秘密

　タングステンの存在は、スウェーデンの化学者シェーレによって発見された。1781年にシェーレは灰重石から新しい酸化物質を分離し、これにタングステン酸と名付けた。彼はこの酸化物質から未知の元素の単離を試みたが、金属単体を得ることはできなかった。その2年後、スペインの化学者エルイヤール兄弟は、ウォルフラマイト石からシェーレの発見したものと同じ酸化物を分離し、さらにこれを炭素で還元して新元素タングステンの単離に成功したのである。発見された当時は、鉱石の名からウォルフラム（Wolfram）と名付けられており、ヨーロッパでもその名で呼ばれていた。元素記号が「W」なのは、ウォルフラムから頭文字がとられているためである。

● 性質を最大限に活かし、電球のフィラメントに

　タングステンはすべての金属元素の中で、最も融点が高い元素である。さらに熱膨張もしにくく、最も蒸気圧が低い。この性質を活かして利用されているのがタングステン製のフィラメントである。フィラメントは長時間にわたって高温になるため、融点の低い金属ではすぐに溶けてしまい、温度変化で膨張することによってガラスが割れる危険性がある。さらに、蒸気圧が高い金属だと気化してしまい、ガラス表面に析出してしまう。このような問題をすべて解決したタングステン製のフィラメントは、さまざまな改良が重ねられ、現在でも白熱電球のフィラメントとして用いられている。

Element Girls

75 Re

灼熱の炎に負けないパワフルガール

レニウム Rhenium

元素名の由来: ドイツのライン川のラテン語「Rhenus」に由来する

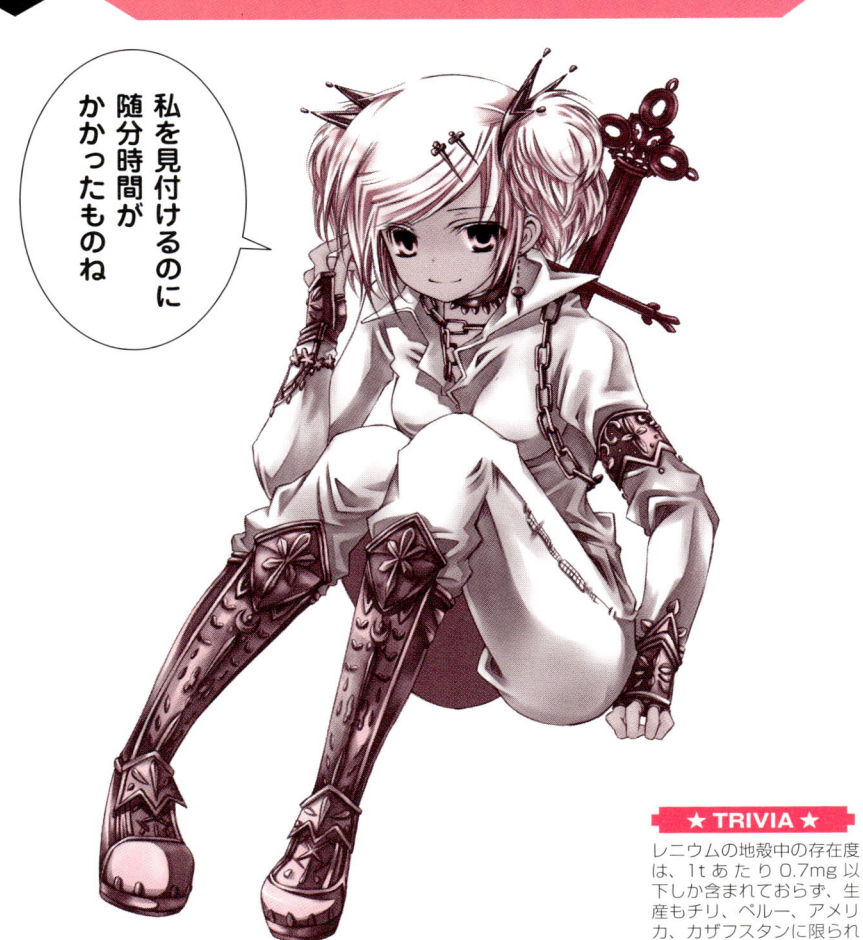

> 私を見付けるのに随分時間がかかったものね

★ TRIVIA ★

レニウムの地殻中の存在度は、1tあたり0.7mg以下しか含まれておらず、生産もチリ、ペルー、アメリカ、カザフスタンに限られている。

SPEC

原子量	186.207	融点	3180℃	沸点	5596℃
密度	21020kg/m³	原子価	(1),(2),3,4,5,6,7	存在度	地表：0.5ppb　宇宙：0.0517
主な同位体	^{183}Re（EC、70.0 日）、^{185}Re（37.40％）、^{186}Re（β^-、EC、90.6 時間）、^{187}Re（62.60％、β^-、α、4.6×10^{10} 年）、^{188}Re（β^-、16.98 時間）				

illustration by 紺野賢護

電子構造図 [Xe](4f)14(5d)5(6s)2

[135/159]

利用例

高温熱電対

発見年	1925年
発見者	ワルター・ノダック、イーダ・タッケ、オットー・ベルグ（すべてドイツ）
存在形態	レニウム鉱、輝水鉛鉱などに存在する。
利用例	水素化触媒、高温熱電対、質量分析計のフィラメント、ロケットノズル

幻の元素の正体は？

　レニウムは最後に発見された金属元素で、地殻中の存在量は金属元素の中で最も少ない。1925年、ドイツの化学者ノダックと彼の助手のタッケおよびジーメンス社のベルグは、白金鉱石のX線分析によって未知のスペクトル*線を発見し、新元素レニウムの存在を明らかにした。

　このレニウムは、テクネチウムの項（P94）で述べた幻の元素「ニッポニウム」と同一物であったことが判明されている。ニッポニウムは小川正孝によって発表された元素だが、当時の日本にはX線分光装置などの高度な設備がなく、正しい測量ができなかった。そのため原子量の測定を誤り、彼は43番元素としてニッポニウムを発表したのである。ニッポニウムとレニウムが同じ元素であったことは2003年に判明したが、レニウム発見後の1930年ごろ、小川正孝はニッポニウムがレニウムの結晶であることを既に確認していたといわれている。

レニウムの利用法

　レニウムは非常に希産で高価なことから利用法は限られるが、融点や硬度が高いため、2,000度以上の高温測定用の**熱電対**として利用されている。レニウムの融点はタングステンなどに次ぐ高さを持つため、耐熱性に大変優れている。

　また、レニウムを石油精製の触媒として利用すると、ガソリンの**オクタン価***を上げる効果がある。これはほかの触媒と異なり、硫黄やリンなどの不純物が若干存在しても触媒としての機能が低下しないからである。

Element Girls

76 Os

異臭を放つが実はナイーブ

オスミウム / Osmium

元素名の由来: ギリシャ語の「臭い(osme)」に由来する

「片付けなんて後だよぉ〜 ZZZZZ……」

★ TRIVIA ★

オスミウムは、炭素と炭素の二重結合を酸化して2種のアルコールにする（有機合成）酸化剤としても用いられている。

SPEC

原子量	190.23	融点	3054℃	沸点	5027℃
密度	22590kg/m³	原子価	1,2,3,4,5,6,(7),8	存在度	地表：0.1ppb　宇宙：0.675

主な同位体: ^{184}Os(0.02%)、^{185}Os(EC、93.6日)、^{186}Os(1.59%、α、2.0×10^{15}年)、^{187}Os(1.96%)、^{188}Os(13.24%)、^{189}Os(16.15%)、^{190}Os(26.26%)、^{191m}Os(IT、13.1時間)、^{191}Os(β⁻、15.4日)、^{192}Os(40.78%)、^{193}Os(β⁻、30.5時間)

illustration by キョウシン

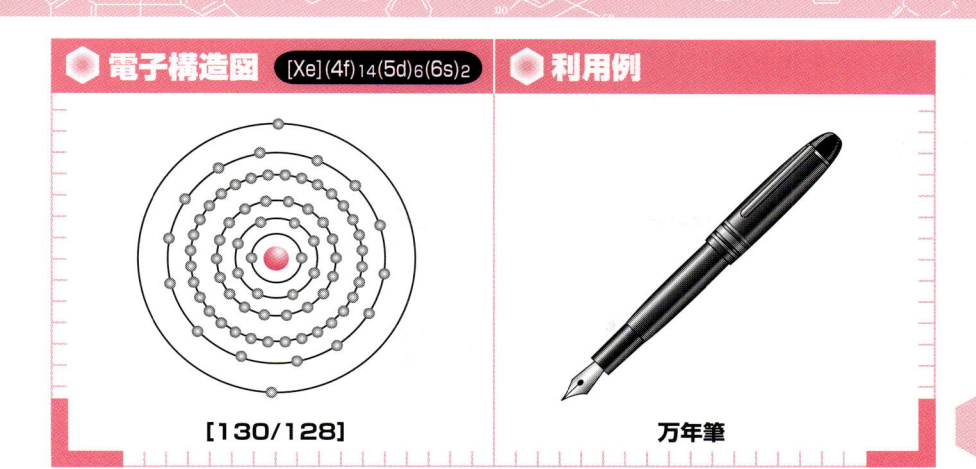

電子構造図	[Xe](4f)₁₄(5d)₆(6s)₂

[130/128]

利用例

万年筆

発見年	1803年
発見者	スミスソン・テナント(イギリス)
存在形態	オスミリジウム(イリジウムとの合金)として産出される。ニッケル精錬時の副産物としても得られる。
利用例	万年筆、酸化剤(四酸化オスミウム OsO_4)、電子顕微鏡標本作製試薬

最も重い元素！

　1803年、テナントは白金を王水*で溶かした後に残った溶解残留物を分析したところ、その中から2種類の新元素を発見した。酸とアルカリを交互に作用させることでこの2種類の元素を単離し、ひとつはイリジウム、もうひとつはオスミウムと名付けた。オスミウムは最も重い元素として知られ、重い金属として有名な鉛の密度 11350kg/m³ に対して約2倍の 22590kg/m³ の密度を誇る。オスミウムだけではなく、白金族*に属する金属元素は、ほかの金属元素よりも重いことで知られている。また、オスミウムは自然界において単体金属やイリジウムとの合金として産出される。オスミウムが多く含まれる合金はオスミリジウムと呼ばれ、イリジウムが多く含まれる合金をイリドスミンと呼ぶが、これらの金属の総称としてはイリドスミンで呼ばれることが多い。

においと毒の共演

　名前の由来からわかるように、オスミウムは特有の刺激臭を発する。オスミウムの粉末を空気中に放置すると、酸化されて四酸化オスミウムとなる。四酸化オスミウムは、金属酸化物としては沸点が131℃と低く常温でも揮発し、これがにおいの原因となっている。

　四酸化オスミウムの刺激臭には毒性があり、肺や目、皮膚などを刺激する。また、激しい頭痛をもたらすこともあり、オスミウムを専門に扱う工具でも、高濃度の四酸化オスミウムにさらされないように、細心の注意が必要である。

Element Girls

77 Ir

おカタいお嬢様はいつまでも美しい！！

イリジウム　　　　Iridium

元素名の由来　ギリシャ神話の虹の女神「イリス(Iris)」に由来する

> 万年筆なら70kmくらいいけるわよ

★ TRIVIA ★

イリジウムと同じように王水に溶けない元素にはタンタルがある。また、わずかに反応するが侵食の遅い元素には、ルテニウムやロジウムがある。

SPEC

原子量	192.217	融点	2410℃	沸点	4130℃
密度	22560kg/m³	原子価	1,(2),3,4,(5),(6)	存在度	地表：0.1ppb　　宇宙：0.661

主な同位体　^{191m}Ir(IT、4.94 秒)、^{191}Ir(37.3%)、^{192}Ir(β^-、EC、73.83 日)、^{193}Ir(62.7%)、^{194}Ir(β^-、19.15 時間)

illustration by ゆつき

| 電子構造図 | [Xe](4f)14(5d)7(6s)2 | 利用例 |

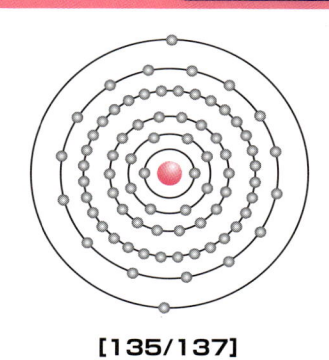

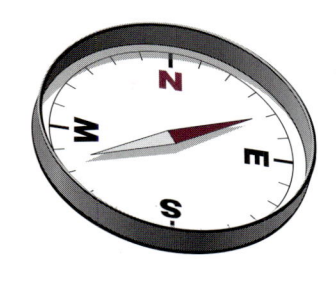

[135/137]　　　　コンパス

発見年	1803年
発見者	スミスソン・テナント（イギリス）
存在形態	イリドスミン（オスミウムとの合金）として産出される。ニッケル精錬時の副産物としても得られる。
利用例	万年筆、コンパス、自動車のスパークプラグ、メートル原器、グラム原器

◆ 重さを守る元素

　1803年、オスミウムとともにテナントによって発見された。イリジウムは金属元素の中で最も腐食されにくく、王水＊などの強力な酸にも溶けないほどの耐食性を持っている。金属イリジウムを溶かすことのできる物質は、融解シアン化ナトリウムと融解シアン化カリウムだけである。

　長さと重さの基準である**メートル、キログラム原器**には、白金が約90％とイリジウム約10％、ほかに微量の金属で構成されている。現在メートルは、光と時間で定義されているが、重さはいまだに**キログラム原器**で定義されている。だが、この原器も人工物であるため、2003年に140年前に作られた国際**キログラム原器**の重さを量ると、数十マイクログラムの減少が見られた。そのため、新たな重さの定義が模索されている。

◆ 最も丈夫な金属

　イリジウムは硬く、加工しにくいことから用途は少ないが、方位を示すコンパスや万年筆などに使われている。特に、万年筆はイリジウムの特性を活用しており、万年筆のペン先に使用されている。まず、字を書く際に使用するインクも化学物質であるため、インクのつくペン先は腐食が進んでしまう、そのため金属で最も耐食性の高いイリジウムが、ペン先に適しているのである。普通の金属では、紙との摩擦ですぐに磨り減ってしまうが、イリジウムは**耐摩耗性**も非常に高いため、イリジウムを含む合金は距離にして70km以上紙の上を走らせることができる。

Element Girls

78 Pt 白金 Platinum

金より希少、セレブなファッションリーダー

元素名の由来　スペイン語の「小さな銀(platina)」に由来する

> ほんと人気なのも困りものね

★ TRIVIA ★

白金は、存在が発見される以前に、南米から銀と勘違いしヨーロッパにもたらされていた。しかし、白金を溶かすことができず処分されていたといわれる。

SPEC

原子量	195.078	融点	1772℃	沸点	3830℃
密度	21450kg/m³	原子価	2,4,(5),(6)	存在度	地表：1ppb　宇宙：1.34

主な同位体　^{190}Pt(0.014%、α、6.0×10^{11}年)、^{192}Pt(0.782%)、^{194}Pt(32.967%)、^{195}Pt(33.832%)、^{196}Pt(25.242%)、^{197}Pt(β⁻、18.3時間)、^{198}Pt(7.163%)、^{199}Pt(β⁻、30.8分)

illustration by フヅキリコ

電子構造図 [Xe](4f)14(5d)9(6s)1　　**利用例**

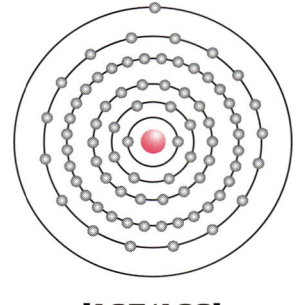

[137/128]　　プラチナリング

発見年　古代から知られる
発見者　古代から知られる
存在形態　砂白金、クーパー鉱、スペリー鉱などとして産出される。
利用例　装飾品、抗がん剤（シスプラチン）、メートルおよびグラム原器、硬貨、触媒、燃料電池

ややこしい名をもつ元素

　白金は金（$_{79}$Au）などの貴金属と同じく、古代から知られている金属である。だが、白金を使っていたのは南米の古代文明であり、古代ギリシャや古代中国などではまったく知られておらず、ヨーロッパで白金が知られるようになったのは、1748年にデ＝ウロアが『南米西海岸探検記』の中で紹介してからである。

　ちなみに、日本語の白金（はっきん）は英語で「プラチナ」であるが、白金を英語に直訳すると「ホワイトゴールド」となる。しかし、英語でホワイトゴールドは金に銀やパラジウムを混ぜた合金であり、プラチナとは別の金属を指している。また、白金の別の読み方に「しろかね（白金）」があるが、これは大和言葉で銀を指す読み方であり、「はっきん」と「しろかね」は読みの違いで別の意味を持っているのだ。

触媒に薬に万能金属！

　プラチナは、アクセサリーに使われる金属として有名だが、触媒としての機能が非常に高く、さまざまな反応で活性を示す。私たちの身近なところでは、ハードディスクの磁性体材料や排ガスの浄化触媒として使用されている。またプラチナは、1973年に抗がん剤のシスプラチンの成分として医療に用いられ、1990年には第2世代白金製剤で副作用の少ないカルボプラチンが開発され、現在は第3世代白金製剤の開発が進められている。ちなみに、白金の採掘量は金の10分の1であるため、金よりも高価なのである。

Element Girls

79 Au

いつの時代も輝き続ける元素の女王

金　Gold

元素名の由来　化学記号 Au は、ラテン語の「太陽の輝き(Aurum)」に由来し、Gold の語源は、古代アングロサクソン語の geolo(黄色)に由来する

> 世界を動かすのが私の使命……

★ TRIVIA ★

金は金属の中で唯一金色に輝く特性を持つ。それは光を反射する電子殻の自由電子が、赤から黄色の光のみを反射するからである。

─ SPEC ─

原子量	196.96655	融点	1064.43℃	沸点	2807℃
密度	19320kg/m³	原子価	1,3	存在度	地表：3ppb　宇宙：0.187

主な同位体　^{195}Au(EC、186 日)、^{197m}Au(IT、7.73 秒)、^{197}Au(100%)、^{198}Au(β^-、2.6935 日)、^{199}Au(β^-、3.139 日)

illustration by 陸原一樹

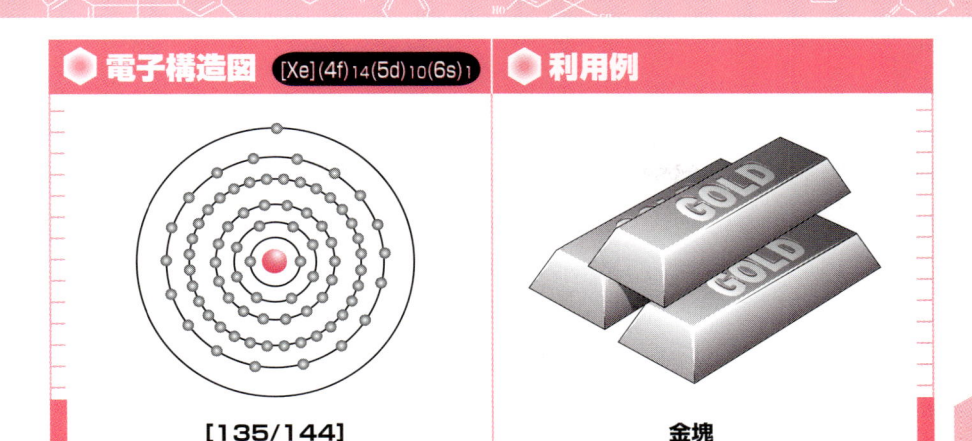

電子構造図　[Xe](4f)14(5d)10(6s)1

[135/144]

利用例

金塊

発見年	古代から知られる
発見者	古代から知られる
存在形態	自然金、テルル化鉱物として産出される。
利用例	装飾品、医薬品、集積回路、ガラスの着色剤

◆ 人類の発展には金が付き物！

　多くの古代文明で、富の象徴として用いられた元素であり、紀元前3000年ごろのメソポタミア文明の都市国家からは金の兜が、紀元前1300年ごろの古代エジプト文明からはツタンカーメンの黄金のマスクが発見されている。

　金は、人類の発展に欠かせない金属である。中世ヨーロッパでは、金を作り出すことを目的として錬金術が流行り、錬金術を通じて発見された元素も多い。その結果、化学は大きな発展を遂げたのである。また大航海時代においても、金の発見が航海の目的に含まれていたといわれている。

◆ 純粋な金は24金

　金は耐食性や電導性に優れ、電気抵抗が低いなどの特徴を活かし、集積回路の電子部品や歯科素材などに用いられている。また、金の化合物である金チオリンゴ酸ナトリウムはリウマチなどの治療薬に使われ、近年では金触媒が高活性であることが判明し、有機合成化学の分野で注目されている。

　装飾品における金には「18金」や「24金」という表現がある。これは、金の純度が24分率で表されるためであり、18金は24分の18（75％）が金であるという表示である。したがって、純金は24金と表される。

　純金は軟らかく装飾品などの加工に向かないため、金に銀や銅を混ぜた合金（18金）が用いられることが多く、混ぜる金属の割合や種類を変えることで、ピンクゴールドやイエローゴールドなどの色を出すことが可能である。

Element Girls

80 Hg

金属を軟らかくする金属元素の天敵?

水銀　　Mercury

元素名の由来　ローマ神話の商売の神「メルクリウス(mercurius)」に由来する

「どんな姿が好みかしら♪」

★ TRIVIA ★

水銀は多くの金属元素と合金を作りアマルガムとなる。だが、マンガン、鉄、ニッケル、コバルト、タングステン、白金とは合金を形成しない。

SPEC

原子量	200.59	融点 -38.87℃	沸点 356.58℃
密度	13546kg/m³(液体)、14193kg/m³(固体)	原子価 1,2	存在度 地表:0.05ppm　宇宙:0.34

主な同位体　¹⁹⁶Hg(0.15%)、¹⁹⁷ᵐHg(IT,EC、23.8時間)、¹⁹⁷Hg(EC、64.14時間)、¹⁹⁸Hg(9.97%)、¹⁹⁹Hg(16.87%)、²⁰⁰Hg(23.10%)、²⁰¹Hg(13.18%)、²⁰²Hg(29.86%)、²⁰³Hg(β⁻、46.60日)、²⁰⁴Hg(6.87%)

illustration by 西川淳

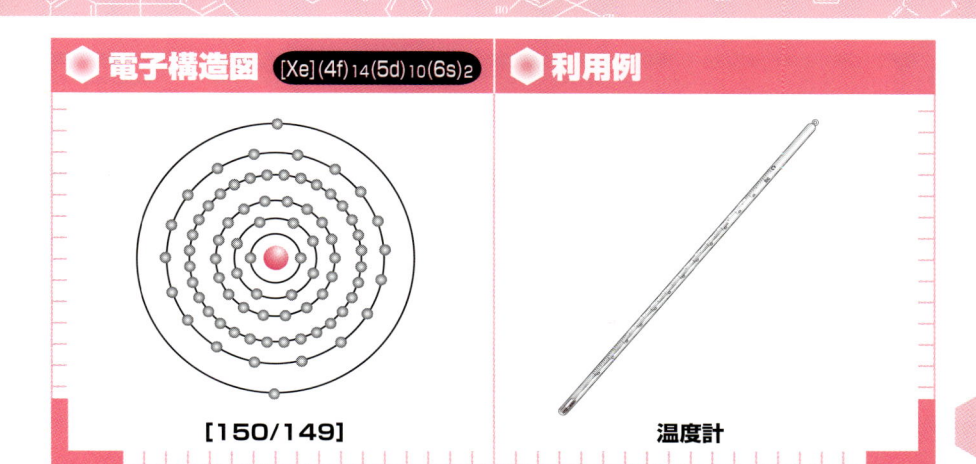

| 電子構造図 | [Xe](4f)14(5d)10(6s)2 | 利用例 |

[150/149]

温度計

発見年	古代から知られる
発見者	古代から知られる
存在形態	自然水銀、辰砂として産出される。
利用例	温度計、ボタン電池（水銀未使用なものが開発されている）、水銀灯、医薬品（現在使用中止）

● 常温下で唯一の液体金属元素！

　水銀は、常温下では液体の金属元素であり、数ある金属元素の中でも水銀のみがこの特性を持つ。古代から知られ、紀元前の哲学者アリストテレスは「液体の銀」という意味の名を付けたといわれており、液体の金属としての性質もまた、古くから知られていた。

　水銀には、単体金属や化合物にかかわらず毒性があるものが多く、日本の四大公害病のひとつである水俣病の原因として知られる。

● メッキや顔料に使われた

　水銀はほかの金属と混ぜることで、軟らかい合金（アマルガム）を形成することができ、日本では奈良の大仏のメッキになどに使われている。749 年に完成した奈良の大仏には水銀と金のアマルガムを使ったメッキが施され、大仏にアマルガムを塗り、それに熱を加えることで水銀だけが蒸発し、金のメッキが施されるのだ。しかし、気化した水銀にも毒性があるため、蒸発させた際に多数の水銀中毒者が出たといわれている。このほか、7 世紀末から 8 世紀初めごろに作られた、キトラ古墳の壁画に使われていた朱色の顔料には、硫化水銀が使われていた。

　毒性の強い水銀だが、毒性が明らかになる前は有機水銀化合物が、殺菌消毒剤のマーキュロクロム（赤チン）やワクチンの保存剤であるチメロザールなどの医薬品として用いられていた。だが、水銀の毒性が明らかになってからは利用されていない。

Element Girls

81 Tl 狙った獲物は必ず仕留める頭脳派スナイパー
タリウム Thallium

元素名の由来　ギリシャ語の「緑の小枝(thallos)」に由来する

> 私の銃弾は後から効いてくるのさ

★ TRIVIA ★
タリウムは毒物として指定されており、この化合物を使っての毒殺行為事件が、日本でも過去にあった。

SPEC
原子量	204.3833	融点	304℃	沸点	1457℃
密度	11850kg/m³	原子価	1,3	存在度	地表：0.36ppm　宇宙：0.184

主な同位体　^{201}Tl(EC、73.1 時間)、^{202}Tl(EC、β^+、12.23 日)、^{203}Tl(29.524%)、^{204}Tl(β^-、EC、β^+、3.78 年)、^{205}Tl(70.476%)

illustration by 久保わこ

電子構造図	[Xe](4f)14(5d)10(6s)2(6p)1

利用例

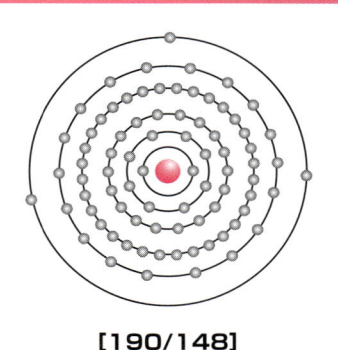

[190/148]

殺鼠剤

発見年	1861 年
発見者	ウィリアム・クルックス（イギリス）、クラウド・ラミー（フランス）
存在形態	クルックス鉱（Cu_7TlSe_4）、ローランド鉱（$TlAsS_2$）、マンガン団塊などに含まれる。
利用例	心筋血液検査（^{201}Tl）、温度計、殺鼠剤

暗殺道具としても知られる危険な元素

　タリウムは軟らかい銀白色の金属元素である。湿った空気中ではすぐに表面が黒ずんでしまうため、石油中に保存される。

　タリウムは、有毒な元素として知られており、特に硫酸タリウムや酢酸タリウムは、ネズミやアリを駆除する殺鼠剤、殺蟻剤として使われてきた。人間への影響も強く、吸い込んだり肌に触れたりすると中毒症状を起こし、脱毛や精神異常にも繋がるといわれている。致死量はわずか 1 g で、服用後約 2 週間前後で死に至る。服用後すぐに症状が現れないことから、暗殺用毒物として使われることが多く、イラクのサダム・フセインがタリウムを使って敵を抹殺していたことは有名である。

カリウムと似た性質を活かして

　タリウムは、生体に必須元素のカリウムと同じような性質を持っている。そのため体内に取り込まれると、カリウムイオンによって活性化する酵素がタリウムの影響を受けてしまい、働きが阻害されてしまう。すなわち、昏睡や麻痺、脱毛などの症状が起こり、致死量を服用すると死に至ってしまうのだ。一方、その類似性を利用して、塩化タリウムは心筋血液検査剤（シンチグラフィー）として用いられることがある。放射性同位体の ^{201}Tl を患者に注射し、放射線を計測することによって画像として映し出し、損傷の具合を調べることができるのだ。なお、この際に使用するタリウムは極微量であり、人体に影響はない。

Element Girls

82 Pb 鉛 Lead

元素社会をパトロールする敏腕婦警

元素名の由来：元素記号 Pb は、ラテン語の「鉛(plumbum)」に由来し、Lead は、アングロサクソン語で鉛を意味する

> 私がX線からみなさんを守ります

★ TRIVIA ★

鉛は大変古くから使われている元素である。中でも古代ローマでは鉛製の水道管が使われていた。

SPEC

原子量	207.2	融点	327.5℃	沸点	1740℃
密度	10678kg/m³（液体）、11350kg/m³（固体）		原子価	2,4	存在度 地表：8ppm　宇宙：3.15

主な同位体：^{200}Pb(EC、21.5 時間)、^{201}Pb(EC、β^+、9.33 時間)、^{202m}Pb(IT、EC、3.62 時間)、^{202}Pb(EC、α、5.3 × 10^4 年)、^{203}Pb(EC、52.0 時間)、^{204}Pb(1.4%)、^{206}Pb(24.1%)、^{207m}Pb(IT、0.796 秒)、^{207}Pb(22.1%)、^{208}Pb(52.4%)、^{210}Pb(β^-、α、22.3 年)

illustration by 白夜ゆう

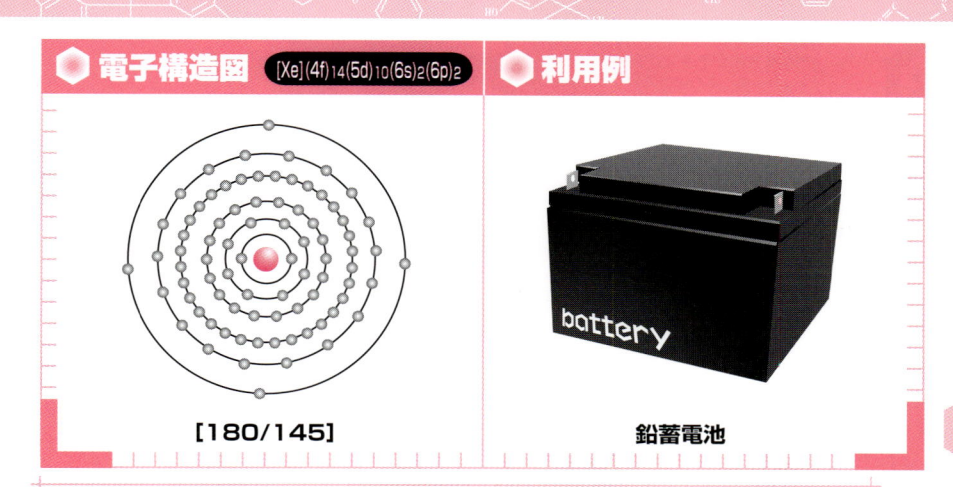

電子構造図 [Xe](4f)14(5d)10(6s)2(6p)2

[180/145]

利用例

鉛蓄電池

発見年	古代から知られる
発見者	古代から知られる
存在形態	方鉛鉱 (PbS)、白鉛鉱 ($PbCO_3$)、硫酸鉛鉱 ($PbSO_4$) などに含まれる。
利用例	鉛蓄電池、はんだ、おしろい（過去に使われた）、アンチノック剤、鏡

◆最重の安定同位体

　鉛は延性に富んだ銀色の金属である。82個の陽子を持っており、最大のマジックナンバー*を持つ元素である。中でも同位体* ^{208}Pb は中性子の数も126個とマジックナンバーのため、安定性が非常に高い。鉛以降の元素に安定な同位体は存在せず、徐々に崩壊し最終的に鉛となって安定する。そのため、鉛の存在量は非常に多いのである。

◆鉛製品のこれから

　鉛の生産量のうち、35％ほどが乗用車やトラックのバッテリー（鉛蓄電池）の電極に使用されている。鉛蓄電池とは、1859年に発明された二次電池で、正極に過酸化鉛、負極に金属鉛を使用し、希硫酸水溶液を電解液としたものである。この電池は古くから知られており、品質も安定し経済的なため幅広く利用されている。このほかには、テレビやパソコンのモニターに使われるブラウン管の画面用ガラス、セラミックス、鏡などにも鉛が用いられている。

　鉛は毒性元素として知られており、近年は鉛化合物の使用禁止・制限が世界的に広がりつつある。鉛蓄電池に使用されている鉛も、厳密なリサイクルが行われており、使用済みのものは再び鉛蓄電池として利用される。しかし、発展途上国などではいまだ多くの鉛製品（鉛ガラス、釉薬、顔料、建材など）が使用されており、環境に蓄積した鉛が野生生物に与える影響も懸念されている。

Element Girls

83 Bi

合金から医薬品までリッチでセレブな若奥様

ビスマス / Bismuth

元素名の由来　ラテン語の「溶ける（bisemutum）」に由来する

> アタークシに
> かかれば
> ピロリ菌も
> 一撃ざます

★ TRIVIA ★

ビスマス、ストロンチウム、カルシウム、銅、酸素で構成される材料は、超電導送電ケーブルへの利用が期待されている。

SPEC

原子量	208.98038	融点	271.3℃	沸点	1610℃
密度	10050kg/m³（液体）、9747kg/m³（固体）		原子価	3,5	
存在度	地表：0.06ppm　宇宙：0.144				

主な同位体　^{206}Bi（EC、β^+、6.243 日）、^{207}Bi（EC、β^+、32.2 年）、^{209}Bi（100 %、1.0×10^{19} 年）、^{210}Bi（β^-、α、5.013 日）

illustration by 大槻満奈

電子構造図 [Xe](4f)14(5d)10(6s)2(6p)3

[160/146]

利用例

プラズマテレビ

発見年	1450年前後には鉛と共に活字合金などに利用されていた
発見者	クロード・フランソワ・ジョフロア（フランス） ※発見者は不明だが、ビスマスの同定者である
存在形態	輝蒼鉛鉱（Bi_2S_3）、ビスマイト（Bi_2O_3）などに含まれる。
利用例	医薬品、高温超電導体、反磁性体、化粧品（オキシ塩化ビスマス）、高速増殖炉の冷却材（Pb-Bi）

半減期が非常に長い、安定した元素

　ビスマスは銀白色の重い金属で、薄いピンク色を帯びている。純粋なビスマスは大変もろく、ほかの金属と合金にして使われることがほとんどである。

　ビスマスは最近まで、安定した同位体＊を持つ最重量の元素である**最重安定同位体**として知られていたが、2003年に**最重安定同位体**の ^{209}Bi が、わずかにα崩壊していることが判明した。といっても半減期は宇宙の年齢よりもずっと長いため、^{209}Bi は安定した元素といっても過言ではない。しかし、^{209}Bi を標的にして亜鉛ビーム（^{70}Zn）を照射しつづけた結果、2004年に113番目の新元素が理化学研究所によって合成されている。

医薬品として、鉛の代替材料として

　合金で利用されることが多いビスマスだが、実は医薬品としても利用されている。ビスマス化合物は、胃潰瘍や十二指腸潰瘍の原因とされる"ピロリ菌"に対し、強力な抗生物質として極めて有効なのだ。胃の中で起こるビスマスのメカニズムはいまだはっきりしていないが、胃壁上の粘液面に作用して、消化の際に分泌される胃液の攻撃から保護する働きがあると考えられている。このほかに、抗がん剤の一種であるシスプラチンにおける副作用を軽減できる医薬品としても知られる。さらに近年では、鉛の代替金属としても用いられている。2006年に松下電器（現パナソニック）が発表した「プラズマディスプレイパネル」は、鉛の代替としてビスマスを利用し、廃棄後の環境負担を抑制することに成功している。

Element Girls

84 Po

ポロニウム Polonium

全身からほとばしる放射能は最強最悪の悪女

元素名の由来　発見者、マリー・スクロドフスカ・キュリーの母国ポーランドに由来する

「さあて誰が最凶か決めるかい？」

★ TRIVIA ★
タバコの煙には数百種類の化学物質が含まれており、その中にはごく微量であるがポロニウムも含まれている。

SPEC

原子量	[209]	融　点	254℃	沸　点	962℃
密　度	9320kg/m³	原子価	2,4,6	存在度	地表：－　宇宙：－

主な同位体　²⁰⁸Po（α、EC、β⁺、2.898年）、²⁰⁹Po（α、EC、β⁺、102年）、²¹⁰Po（α、138.38日）

illustration by 充電

電子構造図 [Xe](4f)14(5d)10(6s)2(6p)4

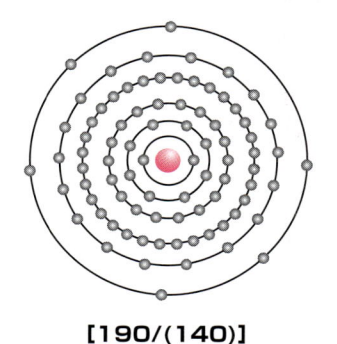

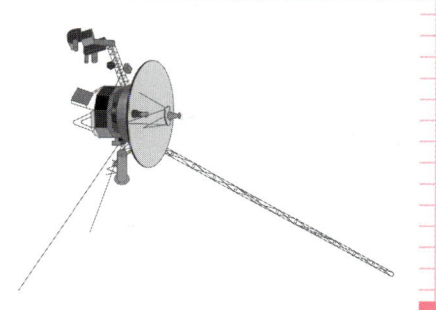

[190/(140)]

利用例

ボイジャー探索機（原子力電池）

発見年	1898年
発見者	ピエール・キュリー、マリヤ・スクウォドフスカ＝キュリー（ともにフランス）
存在形態	ウラン崩壊によって作られる。ビスマスに中性子を照射して生成する。
利用例	原子力電池、α線源

猛毒の威力は元素の中でトップクラス

　1898年、キュリー夫妻がピッチブレンド（ウラン鉱の一種：瀝青ウラン鉱）の中から、ウランよりもはるかに強い放射線を出す物質を取り出すことに成功した。その物質の異常に強い放射線に着目し、苦心の末に新元素ポロニウムを抽出したのである。1tのピッチブレンドに含まれるポロニウムの量はわずか100μgであることから、抽出は非常に困難を極めたものだった。

　ポロニウムは銀白色の金属で、元素の中でも1、2位を争うほど毒性が強い。人体への安全負荷量は7pgで、これは猛毒とされるシアン化水素の約1兆倍の強さを誇る。しかし存在量が少なく、半減期も短いことから、環境上において脅威となることはまずない。

α粒子で静電気を中和する！

　ポロニウムは、過去に織物工場などで利用されていたことがあり、これはポロニウムから放出されるα粒子の電離作用を利用したものだった。この電離によって、発生した静電気を空気中に逃がし、織物機械に蓄積される静電気を中和して、操作時の電気ショックが起きないようにしたり、乾板表面に埃が付着するのを防いだりしたのである。現在では、研究用のα粒子源として用いられるほか、ポロニウムとベリリウムの合金は中性子線源として利用されている。また、1gのポロニウムを含むカプセルは、α壊変に伴って500℃もの熱を発生するため、人工衛星の軽量熱源にも利用されている（520kJ/h）。

Element Girls

85 At — 滅多にお目にかかれない、はかない美少女

アスタチン　Astatine

元素名の由来　ギリシャ語の「不安定な（astatos）」に由来する

> 私の一瞬の命で何ができますか？

★ TRIVIA ★

アスタチンは、一番安定している同位体ですら半減期が8.1時間と短く、中には半減期が1秒強しかないものもある。

─ SPEC ─

原子量	[211]	融　点	302℃	沸　点	337℃
密　度	－	原子価	1,3,5,7	存在度	地表：－　　宇宙：－

主な同位体　^{207}At（EC、β^+、α、1.80時間）、^{208}At（EC、β^+、α、1.63時間）、^{209}At（EC、β^+、α、5.41時間）、^{210}At（EC、β^+、α、8.1時間）、^{211}At（EC、α、7.24時間）

illustration by ヤナギユキ

| 電子構造図 | [Xe](4f)14(5d)10(6s)2(6p)5 | 利用例 |

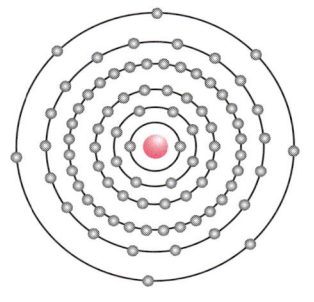

[(127)/(150)]

研究のみの利用

発見年	1940年
発見者	デール・R・コルソン、ケネス・R・マッケンジー（ともにアメリカ）、エミリオ・セグレ（イタリア）
存在形態	ビスマスにα粒子を照射して作られる。
利用例	研究のみの利用（放射線治療）

3番目の人工元素

アスタチンはヨウ素に似た放射性非金属元素で、テクネチウム、ネプツニウムに次いで3番目に発見された合成元素である。

メンデレーエフによって予言されていた85番元素「エカヨウ素」は、多くの研究がなされ発見報告も提出されたが、承認されるまでには至らなかった。しかし、1940年にカリフォルニア大学の研究チームは、**サイクロトロン**＊を利用し、ビスマスにα粒子を衝突させ人工的にアスタチンを得ることに成功した。

その後、アスタチンは天然にも超微量に存在することが確認されたが、半減期はどれも短寿命のものばかりである。そのため、化学的性質についてはいまだ解明されていない。

新たながんの治療に役立つ？

アスタチンの生産量は全世界で1μg以下と非常に少なく、裸眼でアスタチンを確認することはできない。たとえ単体に調製できたとしても、強烈な放射能によって生じる高熱の結果、すぐに蒸発・昇華してしまうと考えられる。そのため、アスタチンは研究目的以外で利用されることはない。しかし近年では、この高エネルギーのα波が、がん細胞の破壊に役立つと考えられている。とはいえ、アスタチンのα線はがん細胞に到達しないため、がん細胞と結合しやすいタンパク質と結びつくアスタチン化合物が、新たながん治療薬として有力視されているのだ。

Element Girls

86 Rn

名湯に浸かれば現れる？ 放射能泉の女神様！

ラドン　　　Radon

元素名の由来：ラジウムの崩壊によって発生するため、Radiumを由来とし名付けられた

「放射能泉も悪くないでしょ？」

★ TRIVIA ★
ラドン温泉を含む日本の有名な放射能泉には、鳥取県の三朝温泉、秋田県の玉川温泉などがある。

SPEC
原子量	[222]	融点	-71℃	沸点	-61.8℃
密度	−	原子価	(2),(4),(6)	存在度	地表：− 　宇宙：−
主な同位体	^{220}Rn(α、55.6 秒)、^{222}Rn(α、3.825 日)				

illustration by 葉浜洋子

電子構造図 [Xe](4f)14(5d)10(6s)2(6p)6

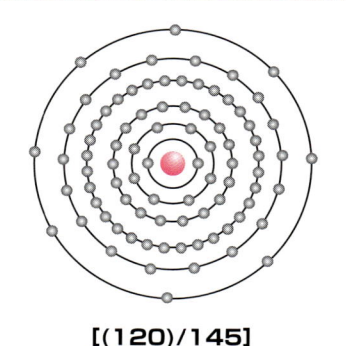

[(120)/145]

利用例

ラドン温泉

発見年	1900 年
発見者	フリードリッヒ・エルンスト・ドルン（ドイツ）
存在形態	ラジウムの崩壊によって生成される。
利用例	地下水調査、温泉の成分

◉ ラジウムから生まれた新元素

　ラドンは無色の気体で、希ガス*の中で最も重い元素である。1898 年にキュリー夫妻がポロニウムとラジウムを発見したとき、そのラジウムに接触した空気が放射性を示すことに気付いた。後の 1900 年、ドイツの物理学者ドルンは、この放射性を持つ空気は、ラジウムが放射性崩壊*を繰り返す中で生まれた気体性の放射性物質であることを明らかにした。その後、この気体は希ガスの一種である新元素だということがわかり、ラジウムにちなんでラドンと名付けられたのである。

◉ 高濃度のラドンには要注意

　ラドンは水に溶けやすい性質を持つため、地下水に溶け出し、温泉となって得られる場合がある。この温泉は放射能泉と呼ばれ、ラドン温泉、ラジウム温泉として日本各地に存在している。放射能泉の効果はさまざまで、リューマチや神経痛、慢性胃腸炎などに効果があるといわれている。

　しかし、本来ラドンは強い放射線を放つため、極めて危険な元素であり、鉱山労働者にとっては健康を害する原因となっていた。ウラン鉱などの採掘現場で働く鉱夫たちは、ウランが壊変して生じた高濃度のラドンを吸入し続けたことで肺がんになり、若いうちに死亡するケースが多かった。入浴中のラドン吸入程度なら、低濃度であるため人体に全く影響はないが、高濃度のラドンを吸入し続けると人体に悪影響となるため、注意が必要である。

Element Girls

87 Fr

状態が不安定で短命な、病弱の女の子

フランシウム Francium

元素名の由来　発見者ペレーの祖国フランスに由来する

> 短い命自由にさせてください

★ TRIVIA ★

フランシウムはアルカリ金属の中で最も重く、すべての元素の中で最も低い電気陰性度を持つ。

SPEC

原子量	[223]	融　点	約27℃	沸　点	677℃		
密　度	−	原子価	1	存在度	地表：極微量	宇宙：	−
主な同位体	$^{221}Fr(α、4.90分)$、$^{223}Fr(β^-、21.8分)$						

illustration by 西川淳

電子構造図	[Rn](7s)1

[-- /(260)]

利用例

研究のみの利用

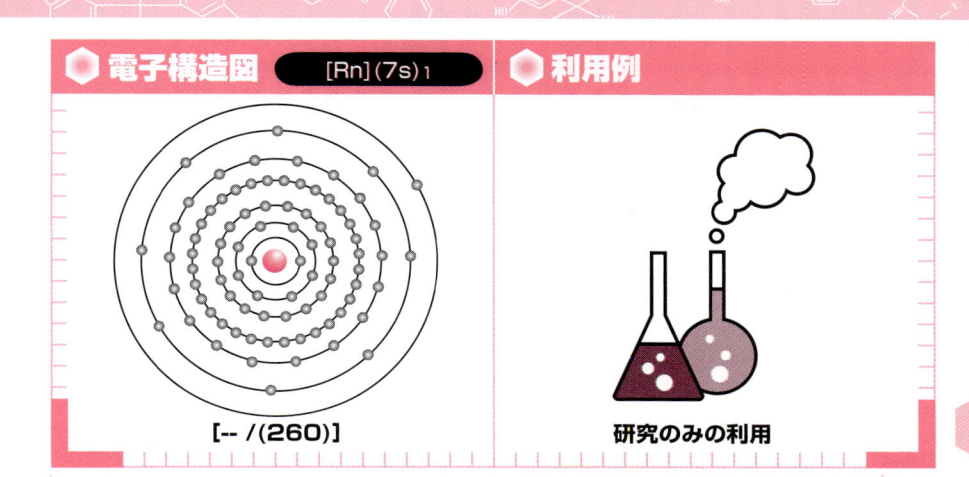

発見年	1939 年
発見者	マルグリット・ペレー（フランス）
存在形態	アクチニウムの崩壊で生成する。天然にはウラン鉱石にごく微量含まれる。
利用例	研究のみの利用

なかなか発見されなかった天然放射性元素

　フランシウムはアルカリ金属*のひとつで、強い放射能を持つ元素である。ウラン鉱石中に極めて微量に存在するが、研究用に使用する場合は、原子炉でラジウムに熱中性子を照射して作るか、サイクロトロン*で加速した陽子とトリウムを衝突させて作る。

　87 番元素は、エカセシウムという仮称が与えられたまま長らく未発見であった。この元素を見つける試みは古くから行われ、ルシウムやアルカリニウムなどの元素名も提唱されたが、どれも幻に終わった。その後 1939 年に、キュリー研究所のペレーはアクチニウムのα崩壊の中で 87 番元素が生成されることを発見し、さらに、ランタン鉱を精製することによって天然からの単離に成功したのである。

短命な液体金属

　フランシウムの同位体*は極めて短い半減期のものばかりである。最も長い半減期のものは、^{223}Fr の約 22 分、次いで ^{222}Fr の約 20 分、^{221}Fr の約 5 分であるが、ほかの同位体はどれも 1 分以内のものばかりである。そのため研究するのも困難を極め、化学的性質もセシウムと似ているという推測しかできていない。

　フランシウムは常温で液体の金属だが、半減期が短くて不安定なため、実際に液体フランシウムを見ることはできない。ちなみに、フランシウムの融点は 27℃とされているが、これは実験から求められたものではなく、あくまでも推定値である。

Element Girls

88 Ra

暗所の光にはご用心、放射能娘が狙ってるかも!?

ラジウム　　　　　Radium

元素名の由来　光を放つものという意味でラジウム(Radium)と名付けられた

> みんなみんな私の獲物……

★ TRIVIA ★
キュリー夫妻が放射性元素を発見した実験室は、放射能を防御する設備が全くない、すすけた小屋であったといわれている。

SPEC

原子量	[226]	融点	700℃	沸点	1140℃	
密度	5000kg/m³	原子価	2	存在度	地表：0.6ppt	宇宙：—

主な同位体　^{224}Ra(α、3.66日)、^{226}Ra(α、1.60×10^3年)、^{228}Ra(β^-、5.75年)

illustration by sango

電子構造図 [Rn](7s)₂

[215/(221)]

利用例

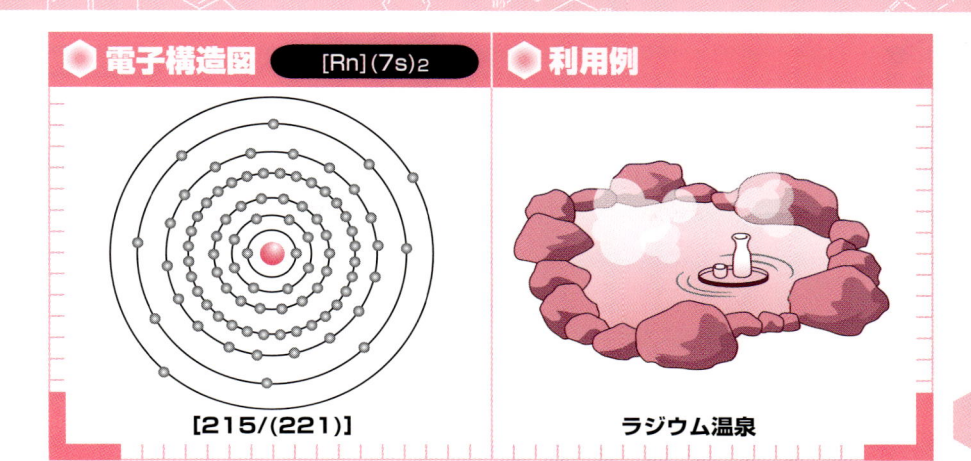

ラジウム温泉

発見年	1898年(発見)、1910年(金属ラジウムとして単離)
発見者	ピエール・キュリー、マリヤ・スクウォドフスカ＝キュリー（ともにフランス）
存在形態	ウラン鉱石中に存在する。
利用例	放射線治療、放射能泉

● 光を放つ新元素の誕生

　ラジウムは銀色の光沢のある軟らかい金属で、1898年にキュリー夫妻によって発見された。彼らはポロニウムと同様に、10t以上のピッチブレンドから新元素を発見した。この新元素は、暗所で青い光を放つことから、「光」を意味する「ラジウム」という名称が与えられた。

　発見から4年後、夫のピエールは不慮の事故で死亡するも、マリー夫人はラジウムの研究を続けた。しかし、彼女は長年にわたって放射能を取り扱ったことで放射線障害となり、1934年に白血病で亡くなってしまったのである。

● 放射能に侵された女性たち

　ラジウムはその昔、時計用の夜光塗料として使用されていたことがある。塗装工たちは、文字盤に小さい点や線を描くために筆先をなめて細くし、手作業で塗布するのが普通であった。そのため、若い女性が多く従事する塗装工は、次々とがんに侵されてしまうという事件が起こったのだ。

　"ラジウムガール"と呼ばれた彼女たちは企業を訴え、そこでラジウムの危険性が世間に注目されるようになった。裁判の結果、企業は女性工員1人につき1万ドルを支払うことに同意し、全面勝訴を勝ち取った。しかし、ほとんどの原告は勝訴の甲斐もなく、次々と死亡してしまったのである。もちろん、この事件の後は作業環境が大幅に改善された。

Element Girls

89 Ac — 命中率No1！アクチノイド部隊の射撃隊長
アクチニウム　Actinium

元素名の由来　ギリシャ語で光線を意味する「aktinos」に由来する

「放射能で狙い撃ちします！」

SPEC

原子量	[227]	密度	10060kg/m³
融点	1050℃	沸点	3200℃
原子価	3	存在度	地表：－　宇宙：－

主な同位体
^{225}Ac（α、10.0日）、
^{226}Ac（β^-、EC、α、29時間）、
^{227}Ac（β^-、α、21.77年）、
^{228}Ac（β^-、6.13時間）

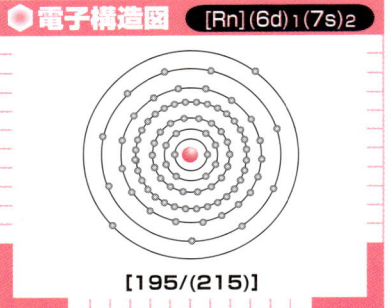

電子構造図　[Rn](6d)1(7s)2

[195/(215)]

発見年	1899年
発見者	アンドレ＝ルイ・ドビエルヌ（フランス）
存在形態	ウラン鉱石にわずかに含まれる。ラジウムに中性子を照射して作られる。
利用例	研究のみの利用

illustration by 銀一

アクチノイド系列の最初の元素

　アクチニウムは放射性を有する、天然放射線元素である。化学的性質はランタンに似ており、銀白色で暗所では青白く光る。またその際に、放射能によって周囲の空気をイオン化する。このアクチニウムからローレンシウムまでの15の元素は**アクチノイド***と呼ばれ、化学的性質がよく似ている。また、アクチニウムは**崩壊系列***の一種である**アクチニウム系列**の中で生まれる。これは、ウランの同位体* ^{235}U から崩壊が始まり、最終的には鉛の同位体 ^{207}Pb になるものを指す。ほかにも**トリウム系列**、**ウラン系列**、**ネプツニウム系列**などがあり、すべての放射性元素はこれらの系列に属している。

90 Th

炎よ舞え、雷よ打ち砕け！ 最強の戦神登場！

トリウム Thorium

元素名の由来: 古代スカンジナビアの神話に登場する、大地の神で雷と槌を操るトール（Thor）に由来する

> 雷神の力
> 侮るでないぞ……

SPEC

原子量	[232.0381]	密度	$11720 kg/m^3$
融点	1750℃	沸点	4790℃
原子価	4	存在度	地表：3.5ppm 宇宙：0.0335

主な同位体: $^{228}Th(\alpha、1.913 年)$、$^{230}Th(\alpha、7.54 \times 10^4 年)$、$^{231}Th(\beta^-、25.52 時間)$、$^{232}Th(100\%、\alpha、1.405 \times 10^{10} 年)$、$^{233}Th(\beta^-、22.3 分)$

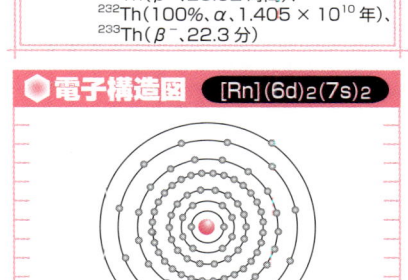

●電子構造図 [Rn](6d)2(7s)2

[180/(206)]

- **発見年**: 1828 年
- **発見者**: イェンス・ヤコブ・ベルセリウス（スウェーデン）
- **存在形態**: モナズ石、方トリウム石（ThO_2）、トール石（$ThSiO_4$）などに含まれる。
- **利用例**: 合金、フィラメント、特殊るつぼ、未来の核燃料材料、各種触媒

illustration by よつ葉真澄

●北欧神話から名付けられた

　トリウムは銀白色の天然放射性元素で、アクチノイド*の中で最も多量に存在する（地殻中では 37 番目）。塊状では、表面が薄い酸化物の膜で覆われているため大気中でも安定しているが、金属粉末では急激に酸化し自然発火する。産業的には各方面で役立っている元素である。

　1828 年、スウェーデンの化学者ベルセリウスは、稀少鉱物を分析していた際に新金属の酸化物を発見し、これにトリウムと名付けた。トリウムの名称は、北欧神話の神トールに由来している。トールは北欧の人々が古くから崇拝した雷神で、母国人の信仰の中心であったことから名付けられたといわれている。

Element Girls

91 Pa

20人の仲間すべてが放射能を備え持つ！
プロトアクチニウム　Protactinium

元素名の由来　α崩壊するとアクチニウムが得られるため、ギリシャ語の"第一"を意味する protos を接頭語として「アクチニウムの前」という意味に由来する

SPEC
原子量	231.03588	密度	15370kg/m³（計算値）
融点	1840℃	沸点	3900℃
原子価	3,4,5	存在度	地表：－　宇宙：－

主な同位体：^{231}Pa（100%、α、3.276×10^4 年）、^{233}Pa（β^-、27.0 日）

電子構造図　[Rn](5f)2(6d)1(7s)2

[180/(200)]

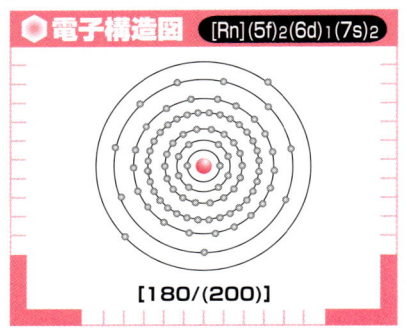

> ふふ　仲間はみんな放射能全開よ

発見年	1918 年
発見者	オットー・ハーン（ドイツ）、リーゼ・マイトナー（オーストリア）
存在形態	トリウムの崩壊などによって生成される。天然にはウラン鉱石中に痕跡程度に存在する。
利用例	研究のみの利用

illustration by NAOX

◆ アクチニウムの"前の"元素

　プロトアクチニウムは銀色の放射性金属で、20 種類の同位体＊すべてが放射能を持つ。1918 年、ドイツの化学者ハーンとマイトナーは、ピッチブレンドの中に放射性物質が含まれていることを確認した。しかし、この放射性物質が新元素プロトアクチニウムと確認されたのは、1934 年のことであった。さらにミリグラム単位で多量に得られるようになったのは、1950 年以降のことである。

　プロトニウムの"プロト"とは「前の」という意味である。その理由は、同位体 ^{231}Pa がα崩壊するとアクチニウムの同位体 ^{237}Ac が得られることに由来している。

92 U 昔はガラス細工にも使われてました

ウラン Uranium

元素名の由来 当時発見された天王星(ウラヌス「Uranus」)に由来し、Uranus はギリシャ神話の天空の神

「フーッ！今は忙しいから後でな!!」

SPEC
原子量	238.02891	密度	18950kg/m³
融点	1132.3℃	沸点	3745℃
原子価	3,4,(5),6	存在度	地表：0.91ppm 宇宙：0.0090

主な同位体 ²³²U(α、68.9年)、²³³U(α、1.592×10⁵年)、²³⁴U(0.0055%、α、2.454×10⁵年)、²³⁵U(0.7200%、α、7.037×10⁸年)、²³⁷U(β^-、6.75日)、²³⁸U(99.2745%、α、4.468×10⁹年)、²³⁹U(β^-、23.47分)

電子構造図 [Rn](5f)3(6d)1(7s)2

[175/(196)]

発見年	1789年(酸化物として発見)、1841年(金属単体として単離)
発見者	マルティン・ハインリヒ・クラプロート(ドイツ)、ウジェーヌ・ペリゴー(フランス：1841年)
存在形態	ピッチブレンド、カルノー石、リン灰ウラン石、海水中などに含まれる。
利用例	核燃料、劣化ウラン弾、原子爆弾、ガラスの着色剤

illustration by 龍川ナギ

軍事利用で利用される元素

　ウランは銀色の展性・延性に富む金属で、放射能を持つ。ウランは早い段階から発見されていたが、危険な物質だとはみなされず、さまざまな商業用途を持っていた。例えば、陶磁器やガラスには酸化ウランが添加されており、これは鮮やかな黄緑色の蛍光を示す。その後、ウランが放射能を持つ危険な元素ということが判明すると、軍事目的としての利用が拡大した。1945年、広島に投下された原子爆弾「リトルボーイ」は、ウランを利用したものである。この爆発によって、5万棟以上の建築物が破壊され、7万5千人以上の市民が亡くなった。現在ではウランの大部分が原子力発電所用となっている。

Element Girls

93 Np

元素アンドロイドは海を司る水の神様!

ネプツニウム Neptunium

元素名の由来 海王星(Neptunium)に由来する

> 私が超ウラン史の第一歩……

SPEC

原子量	[237]	密度	20250kg/m³
融点	640℃	沸点	3900℃
原子価	(2),3,4,5,6,(7)	存在度	地表：— 宇宙：—
主な同位体	^{237}Np(α、2.140×10^6 年)、^{239}Np(β^-、2.355 日)		

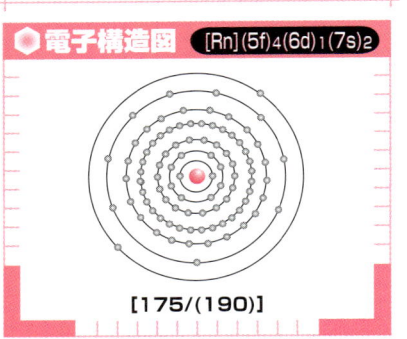

電子構造図 [Rn](5f)4(6d)1(7s)2

[175/(190)]

発見年	1940 年
発見者	エドウィン・マクミラン、フィリップ・アーベルソン(ともにアメリカ)
存在形態	ウラン鉱にわずかに含まれる。
利用例	プルトニウム製造、原子力電池、中性子検出器

illustration by 銀一

● 最初の超ウラン元素！

　ネプツニウムは銀白色の金属元素で、人工的に作られた最初の**超ウラン元素***である。1940 年、カリフォルニア大学のマクミランとアーベルソンは、サイクロトロン*によってウランに中性子を照射し、得られた新物質を分離することで新元素を人工的に作り出した。彼等は、この元素がウランの隣であることから、ウランの名前の由来である天王星の隣にある海王星にちなんで、ネプツニウムと名付けた。ネプツニウムは、核反応によるプルトニウム製造の副産物として得られる。また、天然ウラン鉱の中にもごく微量のネプツニウムが含まれている。化学的にはさまざまな酸化物の形をとり、反応活性が高い。

94 Pu

冥界の王のごとく破壊力抜群の元素娘！

プルトニウム Plutonium

元素名の由来 ネプツニウムの名前の由来である海王星の隣にある星、冥王星（プルートー）に由来する

「次に刈られたいのは誰？」

SPEC

原子量	[244]	密度	19840kg/m³
融点	641℃	沸点	3232℃
原子価	3,4,6,(7)	存在度	地表：ー／宇宙：ー

主な同位体
$^{239}Pu(\alpha, 87.74年)$、
$^{239}Pu(\alpha, 2.411 \times 10^4年)$、
$^{240}Pu(\alpha, 6.563 \times 10^3年)$, $^{241}Pu(\beta^-, \alpha, 14.35年)$、
$^{242}Pu(\alpha, 3.763 \times 10^5年)$、
$^{244}Pu(\alpha, 8.08 \times 10^7年)$

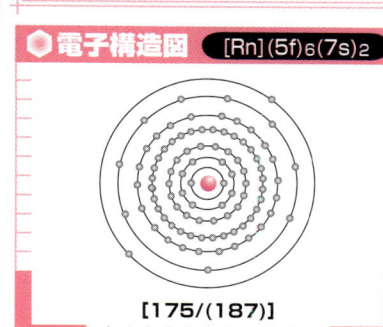

電子構造図　[Rn](5f)6(7s)2

[175/(187)]

発見年	1940年
発見者	グレン・T・シーボーグ、アーサー・C・ワール、ジョセフ・W・ケネディ（すべてアメリカ）
存在形態	ウラン鉱、バストネス石にわずかに含まれる。原子炉でウランから作られる（原子力燃料の再処理に伴う副産物として）。
利用例	原子爆弾、原子力電池、MOX燃料（原子炉のプルサーマル燃料）

illustration by よつ葉真澄

● 最初に発見された希土類元

　ギリシャ神話に登場する地獄の王「プルートー」に由来するプルトニウムは、放射能を持った非常に有害な元素である。人工的に作られた元素はさまざまあるが、その中でも多く生産されているのがプルトニウムである。その理由は、プルトニウムには核兵器としての用途があるためで、コードネーム「ファットマン」と名付けられたプルトニウム爆弾は、1945年、米国空軍によって長崎に投下されたものである。ウランの濃縮には高度な技術が必要となるが、プルトニウムは分離・濃縮が容易である。そのため、近年製造されている原子爆弾のほとんどがプルトニウム製なのである。

Element Girls

95 Am アメリシウム — Americium
アメリカの燦々(さんさん)とした太陽が似合う

元素名の由来　アメリカ大陸に由来し、性質の似ているユウロピウムにならって命名された

SPEC

原子量	[243]	密度	13670kg/m³
融点	1172℃	沸点	2607℃
原子価	3,4,5,6,(7)	存在度	地表：－　宇宙：－

主な同位体：$^{241}Am(\alpha、432.7 年)$、$^{242}Am(\beta^-、EC、16.02 時間)$、$^{243}Am(\alpha、7.38 \times 10^3 年)$

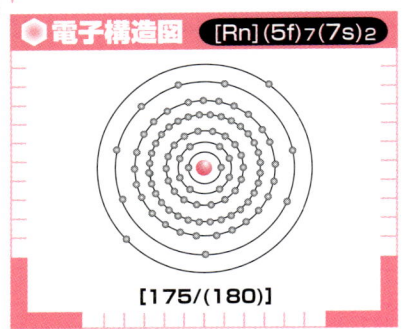

電子構造図　[Rn](5f)₇(7s)₂

[175/(180)]

（セリフ）アメリカの時代がくるかなー？

発見年	1944年(発見)、1945年(単離)
発見者	グレン・シーボーグ、ラルフ・ジェームズ、アルバート・ギオルソ、レオン・モーガン（すべてアメリカ）
存在形態	プルトニウムから作られる。
利用例	イオン化式煙感知器

illustration by NAOX

アメリカ大陸が由来の人工元素

　アメリシウムは、カリフォルニア大学のシーボーグ等が原子炉を利用し、プルトニウムに中性子を照射して生成した人工元素である。銀色で光沢のある金属で、元素名はアメリカ大陸に由来する。

　アメリシウムは煙探知機に利用されており、探知機1個につき150μgのアメリシウムが使用されている。仕組みは、アメリシウム崩壊時に放出されるα線によって探知機に電気が発生し、煙のススなどで電流値が低下するとアラームが鳴り出すようになっている。また、煙が追い出されると電流値が戻るため、アラームも止まるように作られている。

96 Cm

キュリー夫妻の名を冠する放射性元素
キュリウム Curium

元素名の由来：放射能研究の第一人者であったキュリー夫妻に由来する

> 私に……近づかないでください

SPEC
原子量	[247]	密度	13300kg/m³
融点	1340℃	沸点	3110℃
原子価	3	存在度	地表：— / 宇宙：—

主な同位体：^{242}Cm（α、SF、162.8日）、^{244}Cm（α、18.11年）、^{247}Cm（α、1.556×10^7年）

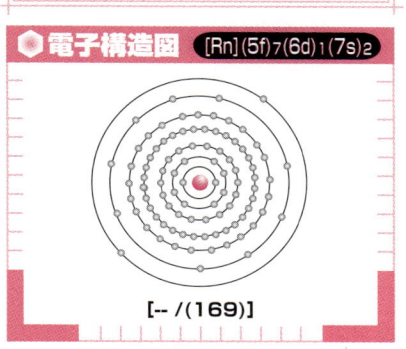

電子構造図　[Rn] (5f)7 (6d)1 (7s)2

[-- / (169)]

発見年	1944年
発見者	グレン・T・シーボーグ、ラルフ・A・ジェームズ、アルバート・ギオルソ、レオン・モーガン（すべてアメリカ）
存在形態	発電用原子炉でわずかに作られる。
利用例	ペースメーカー（^{242}Cm）、航海用ブイの電源（^{242}Cm）など

illustration by マナカッコワライ

● キュリー夫妻の偉業をたたえる

　キュリウムは、放射性廃棄物のプルトニウム（$_{94}Pu$）に中性子を衝突させることで生成される。プルトニウムと同じく強い放射能を持つため、非常に危険な元素である。しかし、同位体*の ^{242}Cm は、1gあたり3Wの熱エネルギーを放出するため、ペースメーカーや航海用ブイの電源、宇宙計画用の電源として用いられている。これは ^{242}Cm がα放射体であり、α粒子が容易に遮蔽可能なため、利用することができる。名前の由来であるキュリー夫妻は、放射能の単位としても名を残しており、放射能単位の「Ci」(キュリー)は、放射能元素が1秒間に 3.7×10^{10} 個崩壊する単位のことで、ラジウム1gの放射能が1Ciである。

Element Girls

97 Bk

活躍の時を今はただ待つのみ
バークリウム Berkelium

元素名の由来　発見された大学のあるバークレーに由来する

「早く私の舞台を用意しなさい」

SPEC

原子量	[247]	密度	14790kg/m³
融点	1047℃	沸点	－
原子価	3	存在度	地表：－ 宇宙：－

主な同位体　^{243}Bk（EC、α、4.5 時間）、^{245}Bk（EC、α、4.94 日）、^{247}Bk（α、1.38×10³ 年）、^{249}Bk（β⁻、α、SF、0.88 年）、^{250}Bk（β⁻、3.22 時間）

電子構造図　[Rn] (5f)9 (7s)2

[no information]

発見年	1949 年
発見者	スタンリー・G・トンプソン、アルバート・ギオルソ、ケネス・ストリート、グレン・T・シーボーグ（すべてアメリカ）
存在形態	発電用原子炉でわずかに作られる。
利用例	研究のみの利用

illustration by 龍川ナギ

◆ いまだ用途の見つからない元素

　バークリウムは、1949 年にカリフォルニア大学バークレー校で、アメリシウム（^{241}Am）にヘリウムイオンを衝突させて初めて作り出された。この元素は放射能を有し、高い温度で容易に酸化する金属といわれている。アメリシウムは 1944 年に作り出されていたが、**サイクロトロン**＊で実験できるだけの量を集めるのに数年かかり、そのためバークリウムを作り出すのに 5 年を要したのである。また、バークリウムはもともと地球上には存在しない元素と考えられている。しかし、アフリカのガボンで 18 億年前に活動した、天然原子炉と呼ばれるオクロ鉱山に、ごく微量だが生じた可能性があるといわれている。

98 Cf カリホルニウム Californium

カリフォルニアで生まれた価格No1.元素！

元素名の由来：カリフォルニア大学で発見されたことに由来する

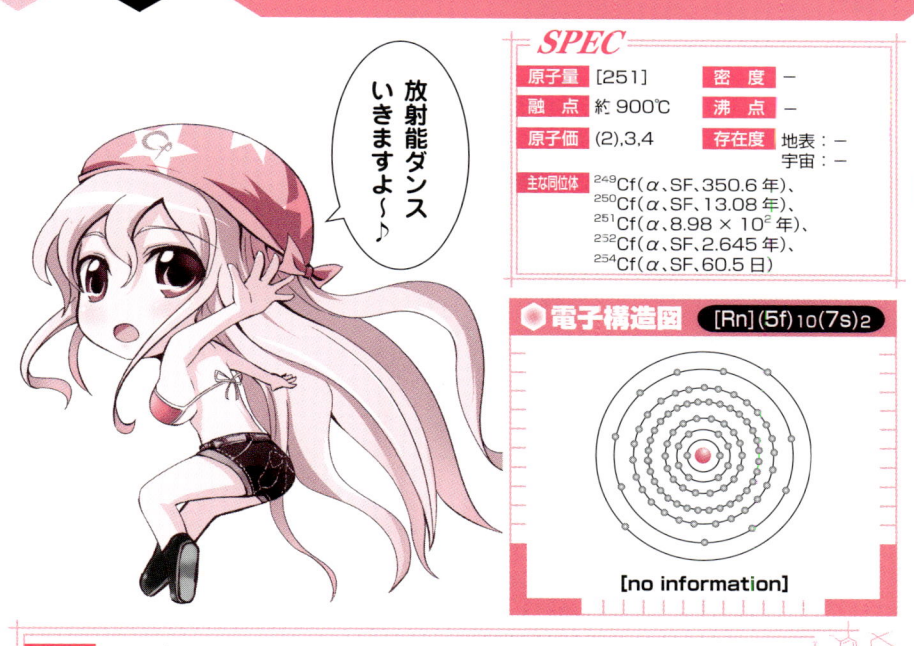

「放射能ダンスいきますよ～♪」

SPEC
- 原子量：[251]
- 融点：約 900℃
- 原子価：(2),3,4
- 密度：—
- 沸点：—
- 存在度：地表：—　宇宙：—
- 主な同位体：
  - ^{249}Cf（α、SF、350.6 年）、
  - ^{250}Cf（α、SF、13.08 年）、
  - ^{251}Cf（α、8.98×10^2 年）、
  - ^{252}Cf（α、SF、2.645 年）、
  - ^{254}Cf（α、SF、60.5 日）

電子構造図　[Rn](5f)10(7s)2

[no information]

- 発見年：1950 年
- 発見者：スタンリー・G・トンプソン、アルバート・ギオルソ、ケネス・ストリート、グレン・T・シーボーグ（すべてアメリカ）
- 存在形態：発電用原子炉でわずかに作られる。
- 利用例：原子炉の中性子源、携帯用中性子源、悪性腫瘍の治療（^{252}Cf）

illustration by 銀一

●市販価格が一番高い元素！

　1950年、カルフォルニア大学バークレー校にて、**サイクロトロン**＊を使ってキュリウム（^{242}Cm）にヘリウムイオンを衝突させることでカリホルニウムを作り出した。この際用いられたキュリウムは、実験に必要とされる量を集めるのに３年以上かかったといわれている。カリホルニウムなどの**超ウラン元素**＊は研究のみの利用がほとんどだが、カリホルニウム（^{252}Cf）は原子炉を起動するときの中性子源として用いられている。一般の購入はできないが、1gあたり約1000億円で販売されている。しかし、実際に使用する量はマイクログラム単位であり、ほかの中性子源に比べて使用量が少ないため、実質価格は安いといわれている。

Element Girls

99 Es 20世紀最大の物理学者の名を受け継ぐ
アインスタイニウム　Einsteinium

元素名の由来：理論物理学者アインシュタインに由来する

SPEC
原子量	[252]	密度	―
融点	860℃	沸点	―
原子価	3	存在度	地表：― / 宇宙：―

主な同位体：^{252}Es（α、EC、$β^-$、271日）、^{253}Es（α、SF、20.5日）、^{254}Es（α、EC、$β^-$、SF、275.7日）、^{255}Es（$β^-$、α、SF、39.8日）

◆電子構造図　[Rn](5f)11(7s)2

[no information]

（セリフ）PERA PERA PERA / 化学はですね～

発見年	1952年（発見）、1953年（単離）
発見者	グレッグ・R・ショパン、グレン・シーボーグ、アルバート・ギオルソ、スタンリー・G・トンプソン（すべてアメリカ）
存在形態	地球上には通常存在しない。
利用例	ほかの元素を合成するため（メンデレビウム）

illustration by よつ葉真澄

◆軍事機密だった元素

　1952年、マーシャル諸島エニウェトク環礁で、世界初の水爆実験が行われた。その際、放射能を帯びた塵の中から、アインスタイニウムとフェルミウムが発見された。当時この水爆実験は軍事機密であったため、公式には、1954年に原子炉から発見されたと発表されていた。また、放射性の塵を集めた米軍パイロットは、熱心にサンプリングしすぎてしまい、帰還途上にガス欠となり墜落死してしまったという、発見にあたってはいろいろ痛ましい元素でもある。

　現在では、プルトニウム（^{239}Pu）に原子炉で高密度の中性子束を衝突させることで、ミリグラム単位のアインスタイニウムを得ることができる。

100 Fm

放射性でありながら水爆反対者の名を持つ

フェルミウム Fermium

元素名の由来 原子炉の生みの親エンリコ・フェルミに由来する

「原水爆を許すな！原水爆反対!!」

SPEC

原子量	[257]	密度	−
融点	1527℃	沸点	−
原子価	3	存在度	地表：− 宇宙：−

主な同位体 ^{250}Fm（α、EC、SF、30 分）、
^{253}Fm（α、EC、3.00 日）、
^{254}Fm（α、SF、3.24 時間）、
^{255}Fm（α、SF、20.07 時間）、
^{257}Fm（α、SF、100.5 日）

電子構造図 [Rn] (5f)$_{12}$(7s)$_2$

[no information]

発見年	1952 年
発見者	グレッグ・R・ショパン、スタンリー・G・トンプソン、アルバート・ギオルソ、グレン・T・シーボーグら（すべてアメリカ）
存在形態	地球上には通常存在しない。
利用例	研究のみの利用（がんの放射線治療など）

illustration by NAOX

● 原子炉で製造できる最大元素

　フェルミウムは 1952 年に、アメリカで行われた初の水爆実験の灰から、アインスタイニウムとともに発見された元素である。アインスタイニウムと同様に、フェルミウムも軍事機密とされ、1955 年まで発見の報告はされなかった。
　フェルミウムは**人工放射性元素***であり、原子炉などでの中性子吸収で合成可能な最大元素であるが、生成するのは極めて難しい。現在のところ裸眼での観測には至っていないが、おそらく銀色の金属で空気や酸などに容易に反応するであろうと予測されている。また、名前の由来であるフェルミは、核兵器製造に関わった物理学者で、製造に携わったことを後悔して水爆の製造に反対していた。

Element Girls

101 Md — 元素の所在を管理するデータバンク！
メンデレビウム Mendelevium

元素名の由来：周期表のメンデレーエフに由来する

> 迷子ですか？今調べますね

SPEC
原子量	[258]	密度	—
融点	827℃（推定）	沸点	—
原子価	2, 3	存在度	地表：— / 宇宙：—

主な同位体：^{255}Md（EC、α、27 分）、^{256}Md（EC、α、SF、1.30 時間）、^{258}Md（α、55 日）

電子構造図　[Rn](5f)$_{13}$(7s)$_2$

[no information]

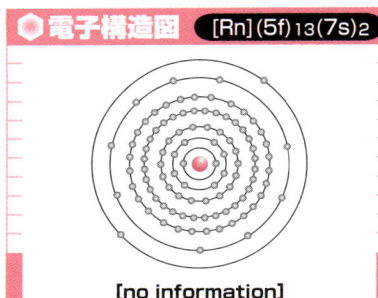

発見年	1955 年
発見者	バーナード・ハーベイ（イギリス）、グレッグ・R・ショパン、グレン・T・シーボーグ、アルバート・ギオルソ、スタンリー・G・トンプソン（ともにアメリカ）
存在形態	地球上には通常存在しない。
利用例	研究のみの利用

illustration by マナカッコワライ

🔷 生成は困難を極めた！

　メンデレビウムは、1955 年にカルフォルニア大学バークレー校の**60 インチサイクロトロン***を使い、アインスタイニウムへα粒子を一晩中衝突させ続けることで生成された。この実験に用意されたアインスタイニウムは 1pg と少量であり、生成に成功したメンデレビウム原子はわずか 17 個であった。その後の実験で数千のメンデレビウム原子が得られ、現在では数百万個作ることが可能となっている。また化学的性質は研究中で、酸化状態は Md（Ⅱ）と Md（Ⅲ）（原子価*の 2 価および 3 価に相当）がわかっている。ちなみに、名前の由来であるメンデレーエフは、1869 年に**元素周期律***を発見し、**周期表**の父と呼ばれている。

102 No — 偽りの発見から生まれた本物
ノーベリウム　Nobelium

元素名の由来　ノーベル賞を設立したスウェーデンの科学者アルフレッド・ノーベルに由来する

> 賞を渡すのも結構面倒なのよね〜

SPEC
原子量	[259]	密度	－
融点	－	沸点	－
原子価	2, 3	存在度	地表：－　宇宙：－

主な同位体：^{254}No（α、EC、SF、55秒）、^{255}No（α、EC、3.1分）、^{259}No（α、EC、60分）

●電子構造図　[Rn](5f)14(7s)2

[no information]

発見年	1958年
発見者	グレン・T・シーボーグ、アルバート・ギオルソ、ジョン・R・ウォルトン、トールビョーン・シッケランド（すべてアメリカ）
存在形態	地球上には通常存在しない。
利用例	研究のみの利用

illustration by 龍川ナギ

●最初の発見は偽りの元素

　1957年、スウェーデンのノーベル物理学研究所で作られた元素である。キュリウムの原子核に**サイクロトロン***で炭素の原子核を衝突させ、新元素の**α放射性**の同位体*を得て、ノーベリウムという元素名が付けられた。しかし、発見後アメリカの研究チームとロシアの研究チームがそれぞれ追試を行ったが、ノーベリウムを確認することができなかったため、異議を唱えた。これにより1957年に発見されたノーベリウムは偽りであったと判明したが、名称はそのまま使用され、本物のノーベリウムは1958年にアメリカの研究チームによって作り出された。化学的性質としては、2価が溶液中で安定であることが判明している。

103 Lr

元素攻略の突破口を切り開いた！
ローレンシウム　Lawrencium

元素名の由来：サイクロトロンの発明者アーネスト・オルランド・ローレンスに由来する

「新しい仲間を作るわよ！」

SPEC

原子量	[262]	密度	－
融点	－	沸点	－
原子価	(2),3	存在度	地表：－　宇宙：－

主な同位体：
^{256}Lr（α、EC、SF、28秒）、
^{257}Lr（α、0.65秒）、
^{258}Lr（α、EC、4.3秒）、
^{259}Lr（α、EC、SF、5.4秒）、
^{262}Lr（EC、3.6時間）

電子構造図　[Rn](5f)14(6d)1(7s)2

[no information]

発見年	1961年（混合物として発見）
発見者	アルバート・ギオルソ、トールビョーン・シッケランド、アルモン・ラーシュ、ロバート・ラティマー（すべてアメリカ）
存在形態	地球上には通常存在しない。
利用例	研究のみの利用

illustration by 銀一

◆カルホリウムとの合成元素

　ローレンシウムは、1961年にカルフォルニア大学バークレー校にあるローレンス放射線研究所で作られた。**サイクロトロン**＊を使い、カリホルニウムにホウ素を衝突させることでローレンシウム（^{257}Lr）を得た。しかし、この元素は^{257}Lrではなく、同位体＊の混合物（^{258}Lr、^{259}Lr）であったとされている。また、安定な酸化物は3価のLr（Ⅲ）であるが、同位体はどれも不安定である。

　名前の由来となっているローレンスは、アメリカの物理学者であり**サイクロトロン**の開発者である。1939年には**サイクロトロン**と人工放射性元素の開発により、ノーベル物理学賞を受賞している。

104 Rf 発見者は？ 命名権はどっち？

ラザホージウム Rutherfordium

元素名の由来 原子核を発見したイギリスの物理学者アーネスト・ラザフォードに由来する

> 33年間無名は長すぎですわ〜

SPEC

原子量	[261]	密度	23000kg/m³(計算値)
融点	−	沸点	−
原子価	−	存在度	地表：−　宇宙：−

主な同位体　^{257}Rf（α、EC、SF、4.7秒）、^{259}Rf（α、EC、SF、3.1秒）、^{261}Rf（α、EC、SF、1.1分）

●電子構造図　[Rn](5f)14(6d)2(7s)2

[no information]

発見年	1969年
発見者	ゲオルギー.N.フレーロフ(ロシア：1964年)、アルバート・ギオルソ(アメリカ：1969年)
存在形態	地球上には通常存在しない。
利用例	研究のみの利用

illustration by よつ葉真澄

●発見から命名まで33年の歳月！

　1964年、ロシア（旧ソ連）のドブナにあった現合同原子核研究所のフレーロフ等は、プルトニウムにネオン原子核を衝突させることで、104番目の元素を作り、クルチャトビウムと名した。しかし、1969年にアメリカの研究チームが同じ方法で実験を行ったところ、クルチャトビウムを得ることができず、カリホルニウムに炭素のイオンを衝突させるという新たな方法で、104番目の元素を作りラザフォーディウムと命名した。本来は先に発見したロシアに命名権があるが、追試が不十分なことなど双方がそれぞれ主張し、ラザホージウムの名に決まるまで33年間の時間を要した。現在のところ、安定な同位体*は発見されてない。

Element Girls

105 Db 2種類の名前で呼ばれていた元素
ドブニウム Dubnium

元素名の由来: ロシアの研究所のあった町名、ドブナに由来する

「で、私の名前何になったの？」

SPEC
原子量	[262]	密度	29000kg/m³
融点	－	沸点	－
原子価	－	存在度	地表：－ / 宇宙：－
主な同位体	^{262}Db (SF、α、EC、34秒)		

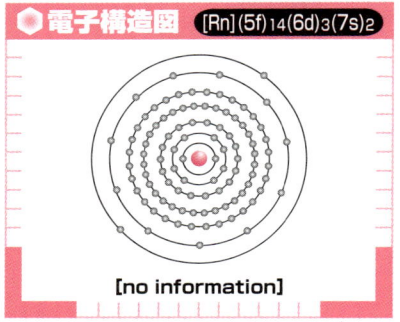

電子構造図 [Rn](5f)14(6d)3(7s)2

[no information]

発見年	1967年
発見者	ゲオルギー.N.フレーロフ（ロシア）、アルバート・ギオルソ（アメリカ）
存在形態	地球上には通常存在しない。
利用例	研究のみの利用

illustration by NAOX

●命名論争・どれが本当の名前？

　1967年、ロシア（旧ソ連）の町ドブナにあるJINR*にて、アメリシウム（^{243}Am）にネオン（^{22}Ne）を衝突させ105番目の元素が生成された。そして、確証を得るために研究を重ね、1970年にニルスボリウムと命名された。一方、アメリカの研究グループも同年、カリホルニウム（^{249}Cf）に窒素（^{15}N）を衝突させ105番目の元素を作り、これにハーニウムと名付けた。このため、105番元素もラザホージウムなどと同様に、命名権の論争が起こった。その結果、統一名称が決まるまで2つの元素名が文献に登場することとなり、1997年ロシアのJINRの所在地に由来してドブニウムと名付けられたのである。

106 Sg

元素の未来に夢と希望を残した シーボーギウム Seaborgium

元素名の由来 アクチノイド系列の命名者で、超ウラン元素を多く合成したシーボーグに由来する

> 新たな可能性……
> 私は元素の希望！

SPEC

原子量	[266]	密度	35000kg/m³（計算値）
融点	−	沸点	−
原子価	−	存在度	地表：− 宇宙：−
主な同位体	²⁶³Sg（α、0.9秒）		

電子構造図 [Rn] (5f)14(6d)4(7s)2

[no information]

発見年	1974年
発見者	ゲオルギー.N.フレーロフ（ロシア）、アルバート・ギオルソ（アメリカ）
存在形態	地球上には通常存在しない（¹⁸O原子核を²⁴⁹Cfに衝突させて作る）。
利用例	研究のみの利用

illustration by マナカッコワライ

◆ 未来の新元素発見に希望あり？

　1974年、シーボーギウムはロシア（旧ソ連）とアメリカで同時期に発見された。ロシアでは鉛に**サイクロトロン***で加速させたクロムを衝突させ、106番目の質量数259の原子核を作り出した。同時期にアメリカでは、カリホルニウムに重イオン加速器で加速した酸素を衝突させ、106番目の原子核を作り出した。その後、命名権で論争が起きたが、1993年にアメリカが命名権を獲得し、1997年に元素で初めて存命者の名前（シーボーグ）が元素名に使われた。また、²⁶³Sgの半減期は0.9秒と、短命な放射性元素の中では長く、より大きい元素を作り出せる可能性が示された。化学的性質も若干ではあるが研究されている。

Element Girls

107 Bh

ドイツとロシアに友情が芽生えた！？

ボーリウム　Bohrium

元素名の由来　量子力学を確立した物理化学者ニールス・ボーアに由来する

SPEC

原子量	[267]	密度	37000kg/m³（計算値）
融点	－	沸点	－
原子価	－	存在度	地表：－　宇宙：－

主な同位体　^{262}Bh（α、SF、0.102秒）、
^{264}Bh（α、0.44秒）、
^{267}Bh（α、17秒）

電子構造図　[Rn](5f)14(6d)5(7s)2

[no information]

> みんなと仲良く遊びたいな～

発見年	1981年
発見者	ゴットフリート・ミュンツェンベルク、ピーター・アームブラスター（ともにドイツ）等の国際研究チーム
存在形態	地球上には通常存在しない。
利用例	研究のみの利用

illustration by 龍川ナギ

◆ドイツとロシアの合同命名

　ボーリウムの発見者は、ドイツの重イオン研究所とされているが、最初の発見者が決まるまではロシア（旧ソ連）との論争があった。ロシアは1976年にビスマスにクロム原子核を衝突させて107番の元素を作り、ドイツも1981年に同じ方法で107番の元素を作り出した。先に作ったのはロシアだが、ドイツの方がより高い確証が得られているとして、命名権の論争を招いた。1992年にIUPAC*はロシアとドイツの両方で栄誉を担うべきとして、両者で協議して名称を選定するようにと通達した。その後、1997年にボーリウムと名付けられた。化合物はオキシ塩化物（BhO$_3$Cl）が確認されている。

108 Hs 化合物を合成できる最大元素！

ハッシウム Hassium

元素名の由来 発見した研究所のあったドイツの州名ヘッセンのラテン語名「Hassia」に由来する

でっかい城を元素界に築くのじゃ！

SPEC

原子量	[273]	密度	41000kg/m³（計算値）
融点	－	沸点	－
原子価	－	存在度	地表：－ 宇宙：－

主な同位体 ²⁶⁵Hs（α、SF、0.0018秒）、²⁶⁷Hs（α、SF、0.033秒）、²⁶⁹Hs（α、9.3秒）

電子構造図 [Rn](5f)14(6d)6(7s)2

[no information]

発見年	1984年
発見者	ゴットフリート・ミュンツェンベルク、ピーター・アームブラスター（ともにドイツ）等の国際研究チーム
存在形態	地球上には通常存在しない。
利用例	研究のみの利用

illustration by 銀一

●元素で一番大きな化合物！

　108番目の元素は、1984年にドイツのダルムシュタットの重イオン研究所で作られた。このときα壊変する2種類の同位体*（²⁶⁴Hsと²⁶⁵Hs）を作り出すことに成功し、ハッシウムと名付けた。また、IUPAC*はドイツの放射化学者の故オットー・ハーンを記念してハーニウムを提案したが受け入れられず、105番元素の命名の際と二度続けて元素名に選ばれなかった。発見後、ロシアやアメリカなどから次々とハッシウムの同位体が見つかり、化合物も作り出され、化合物全体で、四酸化ハッシウム（HsO₄）が現在一番大きな元素を有する化合物であり、その性質はオスミウム化合物と類似していると考えられている。

Element Girls

109 Mt

何度も何度もぶつけてようやく生まれた元素
マイトネリウム — Meitnerium

元素名の由来: 偉大な女性物理学者リーゼ・マイトナーに由来する

> 私の気合いを
> なめるなよ
> ……でも痛い

SPEC

原子量	[268]	密度	—
融点	—	沸点	—
原子価	—	存在度	地表：— / 宇宙：—
主な同位体	^{268}Mt（α, 0.07秒）		

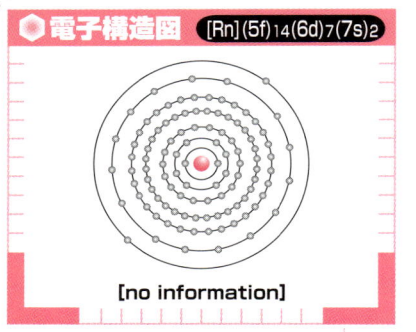

電子構造図 [Rn] (5f)14 (6d)7 (7s)2

[no information]

発見年	1982年
発見者	ゴットフリート・ミュンツェンベルク、ピーター・アームブラスター（ともにドイツ）等の国際研究チーム
存在形態	地球上には通常存在しない。
利用例	研究のみの利用

illustration by よつ葉真登

● 一週間の照射で得られるのはわずか1つだけ！

マイトネリウムは、1982年にドイツの重イオン研究所の研究チームによって人工的に作られた。彼等は重イオン加速器で加速した鉄をビスマスに衝突させ、一週間ほど継続照射を続けた。その結果、わずか1個ではあるが、新元素マイトネリウムを得ることに成功したのである。マイトネリウムはα崩壊でボーリウムとなり、次にドブニウムへと変化し、その後ラザホージウムとなることがわかっている。

マイトネリウムの化学的性質はいまだ明らかになっていないが、イリジウムによく似ていると予測されている。

110 Ds ダームスタチウム Darmstadtium

ドイツ生まれの謎めいた元素美少女！

元素名の由来：発見された研究所のあるドイツの市名・ダルムシュタットに由来する

> これとこれで何ができるかな？

SPEC

原子量	[281]	密度	—
融点	—	沸点	—
原子価	—	存在度	地表：— / 宇宙：—

主な同位体　^{269}Ds（α、0.00017秒）、^{281}Ds（α、1.6分）

電子構造図　[Rn](5f)14(6d)9(7s)1

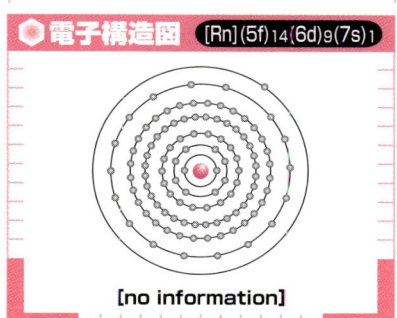

[no information]

発見年	1994年
発見者	ピーター・アームブラスター、ジクルト・ホフマン（ともにドイツ）等の国際研究チーム
存在形態	地球上には通常存在しない。
利用例	研究のみの利用

illustration by NAOX

ドイツの地名が由来の元素

　1994年、ドイツの重イオン研究所の研究チームは、重イオン加速器で加速したニッケルの同位体*^{62}Niを鉛の同位体^{208}Pbに衝突させ、原子量269の新元素を発見した。彼等はこの新元素に、研究所のあったダルムシュタット市にちなんで、ダームスタチウムと名付けたのである。その後、2003年にIUPAC*によって新元素として承認された。日本では「ダルムスタチウム」と呼ばれていたが、現在はダームスタチウムに統一されている。

　周期表の位置から考えると、白金に似た性質を持ち、多彩な化合物を作ることができると予測されている。

Element Girls

111 Rg — 実態が不明な未発達の元素

レントゲニウム　Roentgenium

元素名の由来　ドイツの化学者レントゲンがエックス線を発見しておよそ100年後だったことに由来する

> まだ生まれたばかりなんですぅ〜

SPEC

原子量	[272]	密度	—
融点	—	沸点	—
原子価	—	存在度	地表：—　宇宙：—
主な同位体	^{272}Rg(α、0.0015秒)		

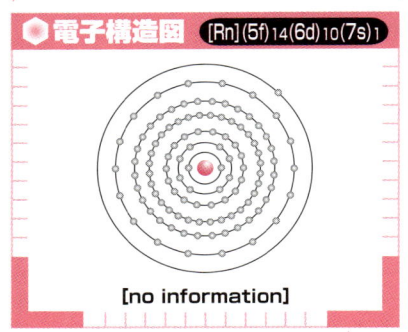

電子構造図　[Rn](5f)14(6d)10(7s)1

[no information]

発見年	1994年
発見者	ピーター・アームブラスター、ジクルト・ホフマン（ともにドイツ）等の国際研究チーム
存在形態	地球上には通常存在しない。
利用例	研究のみの利用

illustration by 龍川ナギ

◆ 正式名称のついた最後の元素

　レントゲニウムは、2008年8月現在で正式な名前が付けられている最後の元素である。レントゲニウムの合成は、1994年にドイツの重イオン研究所の研究チームによって行われた。レントゲニウムはα崩壊してマイトネリウム（^{268}Mt）となり、次いでボーリウム（^{264}Bh）、ドブニウム（^{260}Db）、ローレンシウム（^{256}Lr）に変化する。化学的性質は明らかになっていないが、周期表の位置を見ると、この元素は金の下に来ることから、単体金属は貴金属としての性質を持ち、たとえ長い寿命の同位体＊が得られても安定した化合物を作ることはできないと予測されている。

名前が決まっていない元素たち

ここからは、2008年9月現在、正式名称が付けられていない第112番元素から第118番元素までを紹介します。

Element Girls

112 Uub ウンウンビウム　Ununbium
元素名の由来　112番元素の意味

「いつまで待たせるのよ〜」

SPEC
原子量	[285]	密度	—
融点	—	沸点	—
原子価	—	存在度	地表：— / 宇宙：—

主な同位体　^{277}Uub（α、0.00028秒）

- 発見年：1996年（未確認）
- 発見者：ピーター・アームブラスター、ジクルト・ホフマン（ともにドイツ）等の国際研究チーム
- 存在形態：地球上には通常存在しない。
- 利用例：研究のみの利用

113 Uut ウンウントリウム　Ununtrium
元素名の由来　113番元素の意味

「そろそろ分かりますよね？」

SPEC
原子量	[278]	密度	—
融点	—	沸点	—
原子価	—	存在度	地表：— / 宇宙：—

主な同位体　^{278}Uut（α、0.000344秒）

- 発見年：2004年（未確認）
- 発見者：森田浩介（日本）等、理化学研究所の研究チーム
- 存在形態：地球上には通常存在しない。
- 利用例：研究のみの利用

114 Uuq ウンウンクアジウム Ununquadium
元素名の由来 / 114番元素の意味

「早く解明してくださいね」

SPEC
原子量	[289]	密度	－
融点	－	沸点	－
原子価	－	存在度	地表：－ / 宇宙：－
主な同位体	^{289}Uuq（α、21秒）		

発見年	1998年（未確認）
発見者	ユーリ・オガネシアン、ウラジミール・ウチョンコフ（ともにロシア）等、原子核研究連合研究所のメンバー
存在形態	地球上には通常存在しない。
利用例	研究のみの利用

115 Uup ウンウンペンチウム Ununpentium
元素名の由来 / 115番元素の意味

「私も世間に役立ちたいわ」

SPEC
原子量	[288]	密度	－
融点	－	沸点	－
原子価	－	存在度	地表：－ / 宇宙：－
主な同位体	－		

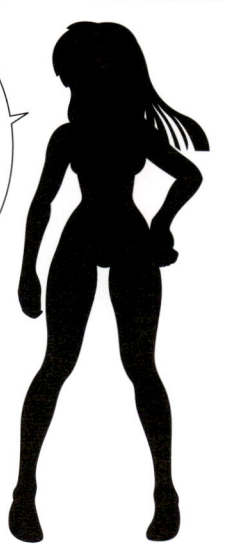

発見年	2003年（未確認）
発見者	ロシアのドブナ原子核共同研究所（JINR）と、カリフォルニアのローレンス・リバモア国立研究所（LLNL）との共同研究チーム
存在形態	地球上には通常存在しない。
利用例	研究のみの利用

Element Girls

116 Uuh ウンウンヘキシウム — Ununhexium
元素名の由来　116番元素の意味

「早く名前決まらないかしら?」

SPEC
- 原子量　[292]
- 融点　—
- 沸点　—
- 密度　—
- 存在度　地表：—　宇宙：—
- 原子価　
- 主な同位体　

- 発見年　2000年(未確認)
- 発見者　ユーリ・オガネシアン(ロシア)等
- 存在形態　地球上には通常存在しない。
- 利用例　研究のみの利用

117 Uus ウンウンセプチウム — Ununseptium
元素名の由来　117番元素の意味

「ちゃんと発見しなさいよ?」

SPEC
- 原子量　—
- 融点　—
- 沸点　—
- 密度　—
- 存在度　地表：—　宇宙：—
- 原子価　
- 主な同位体　—

- 発見年　未発見
- 発見者　未発見
- 存在形態　地球上には通常存在しない。
- 利用例　未発見

118 Uuo ウンウンオクチウム — Ununoctium
元素名の由来　118番元素の意味

「早く私に会いに来て……」

SPEC
- 原子量　[293]
- 融点　—
- 沸点　—
- 密度　—
- 存在度　地表：—　宇宙：—
- 原子価　—
- 主な同位体　—

- 発見年　2003年(未確認)
- 発見者　ローレンス・バークレー国立研究所(LBNL)
- 存在形態　地球上には通常存在しない。
- 利用例　研究のみの利用

用語集

ここでは、本書に登場する重要項目をさらに詳しく述べていきます。本文中にある「*」マークの付いた用語を五十音順に解説しているので、本書を読み進めながら、用語の意味をきちんと把握していきましょう。

Element Girls

■アクチノイド
周期表において、アクチニウム（$_{89}$Ac）からローレンシウム（$_{103}$Lr）までの15の元素の総称。

■アモルファス
別名「非結晶」。結晶のような一定の形態を持たない状態のことを指す。

■アルカリ金属
周期表において一番左に位置する元素で、水素（$_1$H）以外を指す。これらの元素は、1価の陽イオンになりやすい、単体が不安定で酸化されやすい性質を持つ。

■アルカリ土類
周期表の第2族に属する元素で、カルシウム（$_{20}$Ca）、ストロンチウム（$_{38}$Sr）、バリウム（$_{56}$Ba）、ラジウム（$_{88}$Ra）を指す。ベリリウム（$_4$Be）、マグネシウム（$_{12}$Mg）も第2族だが、これらと化学的性質が異なるため含まれない。

■イオン交換分離
イオン結合（陽イオンと陰イオンの間の静電引力による化学結合のこと）を利用して、別種のイオンの分離・入れ替えを行うこと。水を浄化する際にもこの方法がよく使われる。

■イオン半径
イオンのサイズを表す便宜的な大きさ。イオン結晶（イオン結合によって形成される結晶）内の実測原子間距離を、ある前提条件を設けて陽イオンと陰イオンに割り振った値のことである。

■インプラント
体内に埋め込まれる器具の総称。主に医療目的に使われ、人工歯や骨折・リュウマチなどの治療で骨を固定するためのボルトなどがある。

■王水
濃塩酸（HCl）と濃硝酸（HNO_3）を3:1の体積比で混合してできる橙赤色の液体。酸化力が極めて強く、通常の酸には溶けない金や白金なども溶解できる。

■オクタン価
ガソリンのエンジン内でのノッキング（金属性の打撃音や振動が起こる現象）の起こりにくさを表す数値。オクタン価が高いほどノッキングは起こりにくい。

■カップリング反応
２つの化学物質を選択的に結合させる反応のこと。パラジウムを用いる鈴木カップリングなどが有名である。

■還元剤
対象とする物質が電子を受け取る化学反応を起こす物質のこと。具体的には、物質から酸素が奪われる反応、物質が水素と化合する反応を起こすものである。

■希ガス（不活性ガス）
周期表の第18族元素である、ヘリウム（$_2$He）、ネオン（$_{10}$Ne）、アルゴン（$_{18}$Ar）、クリプトン（$_{36}$Kr）、キセノン（$_{54}$Xe）、ラドン（$_{86}$Rn）を指す。化学的に不活性な気体であり、存在が希であることからこのように呼ばれている。

■希土類元素
原子番号57番のランタン（$_{57}$La）から71番のルテチウム（$_{71}$Lu）までのランタノイドと、21番のスカンジウム（$_{21}$Sc）、39番のイットリウム（$_{39}$Y）の計17種類の元素の総称。

■共有結合
原子同士で互いの電子を共有することで生じる化学結合。結合力は非常に強い。

■原子価
原子がほかの原子といくつ結合するかを表した数。元素によっては複数の原子価を持つものがあり、原子価が多いほど、多様な反応性を示す。

■元素周期律
元素を原子番号順に配置すると、元素の性質が一定の周期性で変化すること。これを基に配列した表が周期表である。周期表は、1869年にドミトリ・メンデレーエフによって提案された。

■校正
測定器の読み（出力）のズレを把握し、共通の測定の基盤を作る方法のこと。

■高速増殖炉
エネルギー値の高い中性子（高速中性子）による核分裂連鎖反応を利用した増殖炉のこと。高速増殖炉では、ウラン（^{238}U）をプルトニウム（^{239}Pu）に転換させるため、ウラン資源を数十倍に増やすことができる。

Element Girls

■最外殻電子
原子核を取り巻く電子軌道の集まりを電子殻といい、原子の最も外側にある電子殻の電子を最外殻電子という。

■サイクロトロン
磁場を発生させる電磁石と、磁場の中に入れられた加速電極から構成される加速器。原子核反応の研究や、放射性同位元素の製造などに用いられている。

■酸化剤
対象とする物質が電子を失う化学反応を起こす物質のこと。具体的には、物質に酸素が化合する反応、物質が水素を奪われる反応を起こすものである。

■散乱断面積
反応の起こりやすさを表す尺度の一種。散乱とは、直線状に放出した粒子の軌道が変わることをいい、散乱断面積とは、粒子の散乱確率を表したものである。

■遮蔽材（しゃへい）
人体への放射線の影響を少なくするために、放射線発生源と人体の間に置く防壁のこと。遮蔽剤には、放射線を吸収する水コンクリートなどが用いられる。

■人工放射性元素
人工的に合成して作られた元素の総称。これらは半減期が非常に短い放射性元素のため、自然界には極めて少量しか確認されない。

■スペクトル
試料に対して刺激を与えた際に、その刺激や応答を特徴づける量に対して応答強度を記録したもの。

■制御棒
中性子の数を調整して、原子炉の出力を制御するための棒。原子炉を制御する際に重要なもので、中性子を吸収しやすいホウ素やカドミウムなどを含む物質から作られる。

■ゼーベック効果
物体の温度差が電圧に直接変換される現象で、熱電効果（電気伝導体や半導体などの金属中において、熱流の熱エネルギーと電流の電気エネルギーが相互に及ぼし合う効果の総称）の一種。

■絶縁体
電気や熱を通しにくい性質を持つ物質の総称。不導体ともいう。一般的には伝導率が 10^6 S/m 以下のものを指し、伝導率の単位は S（ジーメンス）を用いる。

■チェルノブイリ原発事故
1986年にソビエト連邦（現ウクライナ）のチェルノブイリ原子力発電所4号炉が爆発し、放射性降下物がウクライナやロシアなどを汚染した原発事故。

■超ウラン元素
ウランの原子番号92よりも番号の大きい元素のことで、原子番号93のネプツニウム以降の元素の総称である。基本的には地球上に存在せず、サイクロトロンなどの大規模な装置を使って人工的に作らなければならない。すべて放射性元素であるのも特徴である。

■超伝導臨界温度
超伝導（ある温度以下で電気抵抗がゼロになる現象）が起こる温度のこと。「超伝導転移温度」ともいう。

■電気陰性度
分子内の原子が電子を引き寄せる力のこと。電子を引きつける強さの違う原子同士が化学結合すると、結合相手の原子から影響を受け、結合する前と異なる電子分布となる。このように電子を引き寄せる力を電気陰性度と呼ぶ。

■電気分解
化合物に高い電圧をかけ、電気化学的に酸化還元反応を引き起こすことで、元素同士を分離する方法である。略して電解とも呼ばれ、電極には腐食の少ない白金などが使われる。

■典型元素
周期表の1族、2族と12族から18族の元素で、すべての非金属と一部の金属から構成される元素の総称（区分）である。典型元素は、最外殻電子の数が等しい原子が縦に並ぶため、縦の元素同士の性質は似ているのが特徴である。

■伝導体
電気を通しやすい物質、材料。良導体や電気伝導体、導体とも呼ばれる。一般的には伝導率が黒鉛（電気伝導率 10^6 S/m）と同等以上のものが伝導体である。

Element Girls

■同位体
原子番号が同じ元素の原子で、質量数が異なる核種(陽子と中性子の数により決定される原子核の種類)の関係にある原子のことである。同位体には、安定して自ら変化しない安定同位体と、不安定で自ら変化する放射性同位体がある。

■同素体
同じ元素だけからなる単体分子だが、結晶構造や結合様式が異なり、化学的・物理的性質が異なるものを指す。例として、グラファイトとダイヤモンド(どちらも炭素の単体:グラファイトは導電性、ダイヤモンドは絶縁性)。

■ハーバー・ボッシュ法
アンモニアの工業的製法のひとつ。窒素と水素を500℃、1000気圧の状態で反応させ、四酸化三鉄を主成分とした触媒を用いてアンモニアを生産する方法。

■白金族
周期表の第5~6周期、第8~10族に位置する元素、ルテニウム($_{44}$Ru)、ロジウム($_{45}$Rh)、パラジウム($_{46}$Pd)、オスミウム($_{76}$Os)、イリジウム($_{77}$Ir)、白金($_{78}$Pt)の総称。

■半導体
電気を通す伝導体や電気を通さない絶縁体に対して、中間的な性質を示す物質の総称である。周囲の磁場や温度によって、通す電気の量を変化させる性質(電気伝導性)を持つ。

■必須アミノ酸
体内で合成できないため、栄養分として摂取しなければならないアミノ酸の総称。一般的にトリプトファン、リシン(リジン)、メチオニン、フェニルアラニン、トレオニン、バリン、ロイシン、イソロイシン、ヒスチジンの9種類が必須アミノ酸とされている。

■ヘム鉄
体内に吸収されやすい鉄分のこと。血液中のヘモグロビンと結びつきやすく、体の細部まで酸素を供給する役割を持つ。

■ペルチェ効果
電気伝導体や半導体などの金属において、熱エネルギーと電気エネルギーが相互に及ぼし合う効果。近年、簡易型の保冷・保温庫に応用される原理である。

■崩壊系列
不安定な同位体が崩壊し、ほかの原子核となる。しかし、その原子核が不安定であれば再び崩壊し、また別の原子核となる。この現象を繰り返し、安定した原子核になるまでの一連の崩壊順序のこと。

■放射性崩壊
アルファ崩壊、ベータ崩壊、ガンマ崩壊、核分裂反応、自発核分裂などの総称。不安定な原子核（放射性同位体）が、さまざまな相互作用によって状態を変化させる現象のことである。

■ボーキサイト
アルミニウムの原料で、酸化アルミニウム（Al_2O_3、アルミナ）を52％－57％含む鉱石のこと。アルミニウムの原料以外に、耐火用混合材、研磨材、アルミナセメントの素材としても用いられる。

■マジックナンバー
陽子や中性子の数が特定の数になると、ほかの原子核に比べて安定する。この数のことをマジックナンバーと呼ぶ。現在知られている魔法数は、ヘリウム（2）、酸素（8）、カルシウム（20）、ニッケル（28）、スズ（50）、鉛（82）がある。

■ランタノイド
周期表において、ランタン（$_{57}La$）からルテチウム（$_{71}Lu$）までの15の元素の総称。

■ワッカー法
塩化パラジウム（$PdCl_2$）と塩化銅（$CuCl_2$）を触媒として、アルケン（C_nH_{2n}）を酸素によってカルボニル化合物へ酸化する化学反応のこと。

■IUPAC
国際純正応用化学連合（International Union of Pure and Applied Chemistry）の略。1919年に設立された化学者の国際学術機関で、各国の化学学会がメンバーとなっている。元素名や化合物名の国際基準（IUPAC命名法）を制定する組織として有名である。

■JINR
ドブナ合同原子核研究所（Joint Institute for Nuclear Research）の略。国際共同の原子核、素粒子物理の研究施設で、多くの新元素を創出している。

Element Girls

◆◆◆◆事項索引◆◆◆◆

ア行

- アクアマリン……………………………17
- アマルガム……………………………169
- アクチノイド…………186、187、214
- アクチニウム系列……………………186
- アモルファス………………… 37、214
- アルカリ金属…… 15、119、183、214
- アルカリ土類金属…………… 121、214
- イオン
  ……49、79、93、121、135、171、186、194、195
- イオンエンジン………………………117
- イオン化傾向…………………………69
- イオン交換分離………… 139、143、214
- イオン半径…………… 150、153、214
- イタイイタイ病………………………105
- インプラント………… 49、155、214
- 液体空気製造機………………………117
- エメラルド…………………… 17、57
- 炎色反応…… 15、47、85、119、121
- 王水…………… 99、161、163、214
- オクタン価…………………… 159、214
- オゾン…………… 25、43、96、137

カ行

- 核反応………………………… 95、190
- 核分裂………………… 17、89、131
- 核融合……………………………………61
- カップリング反応………… 101、215
- 価電子………………………………… 8
- カルフォルニア大学バークレー校
  ……………… 194、195、198、200
- 還元剤………………………… 35、215
- 希ガス
  …13、27、45、81、117、181、215
- キトラ古墳……………………………169
- 希土類（元素）

- ………87、89、123、127、131、133、135、137、141、149、215
- キュリー温度……………………………65
- キュリー点……………………………129
- 強磁性………………………… 65、137
- 共有結合……………………… 21、215
- 金属元素
  ………… 35、63、103、109、133、137、143、151、157、159、161、163、169、171、190
- クロール法………………………………53
- クロロフィル……………………………33
- クロロホルム……………………………43
- 形状記憶合金……………………………65
- 原子核… 8、9、199、201、203、204
- 原子価………………… 6、198、215
- 原子時計……………………… 83、119
- 原子爆弾……………………… 189、191
- 原子番号……… 8、131、146、150
- 原子量……… 6、81、147、159、207
- 原子力電池…………… 131、177、191
- 原子力発電…… 133、137、153、189
- 原子炉
  ……19、63、89、105、131、137、147、153、183、191、192、195、196、197
- 元素周期律………………… 198、215
- 高温超電導体…………………………175
- 校正………………………… 143、215
- 恒星…………………………… 11、61
- 高速増殖炉…………… 31、175、215

サ行

- 最外殻電子………………… 21、29、216
- サイクロトロン
  ………95、179、183、190、194、195、198、199、200、203、216

220　元素周期　ELEMENT GIRLS

サマリウム磁石……………………129
三元触媒……………………99、101
酸化剤……………25、59、160、216
酸性雨………………………………23
散乱断面積…………………17、216
質量数…………………8、9、11
ジブロモインジゴ…………………79
遮蔽材………………………19、216
重イオン研究所
　……… 204、205、206、207、208
ジュラルミン………………………35
鍾乳洞………………………………49
シリコン……………………………37
磁歪………………………………141
人工放射性元素… 95、197、200、216
シンチレーション効果…………119
スズペスト………………………109
ステンレス鋼………………………57
スペクトル
　…………71、107、119、133、143、159、216
制御棒…… 19、105、133、153、216
生体親和性…………………………49
青銅…………………17、67、109
ゼーベック効果……………113、216
絶縁体………………………37、217
相変化記憶材料…………………113

タ行

ダイヤモンド………………19、21、89
窒素固定……………………23、93
中性子
　……8、9、11、17、19、89、95、133、137、147、153、190、192、193、195、196、197
チェルノブイリ原発事故……85、217
超ウラン元素…………190、195、217
超伝導………………………13、33、91
超伝導磁石………………33、55、91
超伝導臨界温度………………33、217
超流動………………………………13
チリアンパープル…………………79
鉄族元素……………………………65
電解コンデンサ……………90、155
電気陰性度……………27、182、217
電気分解
　……… 35、37、49、85、125、217
典型元素……………………27、217
電子………………8、9、11、21、27
電子殻…………………………………8
電子軌道………………………………8
電子構造……………………………6、9
電導性…………………17、67、73、167
伝導体………………37、77、149、217
天然原子炉………………………194
同位体
　…… 6、11、63、83、95、108、119、131、137、141、173、175、183、186、188、193、199、200、201、205、207、208、218
同位体効果…………………………11
同素体… 21、25、39、41、109、218
透明導電膜………………………107
トタン………………………………69
豊羽鉱山…………………………107

ナ行

鉛蓄電池…………………………173
難燃助剤…………………………111
ニッカド電池……………………105
ニッポニウム……………………159
ニトロゲナーゼ……………………23
ネオジム磁石…………127、129、133
熱電対……………………………159
年代測定法…………………………83
燃料電池……………………11、165

ハ行

Element Girls

ハーバー・ボッシュ法………… 23、218
パイレックスガラス…………………… 19
白金族……………… 97、99、161、218
半減期
　……83、85、95、132、175、177、179、183、203
半導体
　………… 37、71、73、75、113、149、218
光触媒……………………………… 53
光伝導性…………………………… 77
非金属元素………………… 79、179
ピクシーダスト…………………… 97
必須アミノ酸……………… 41、218
ピッチブレンド……… 177、185、188
ファンデルワールス結合………… 21
フィラメント……… 81、155、157
不活性ガス…………… 27、45、81
プラセオジム磁石……………… 127
ブリキ…………………………… 109
フロギストン………………… 11、25
ブロム…………………………… 79
分光器………………………… 119
ヘム鉄……………… 47、61、218
ペルチェ効果…………… 113、218
ボーキサイト……… 35、71、219
ホール・エール法………………… 35
崩壊系列…………………… 186、219
放射性崩壊………………… 181、219
放射能泉…………………… 181、185

マ行

マジックナンバー………… 173、219
マンガン団塊…………………… 59
ミッシュメタル………… 123、125
水俣病………………………… 169
無機化合物……………………… 21
メートル、キログラム原器…… 163、165
モーズリーの法則……………… 130

モリブデン鋼…………………… 93

ヤ行

有機化合物……………………… 21
陽イオン交換クロマトグラフィ法…… 131
陽子………………… 8、9、11、94
ヨウ素デンプン反応………… 115
吉野ヶ里遺跡…………………… 79

ラ・ワ行

ラジウムガール………………… 185
ランタニド……………………… 123
ランタノイド
　………123、125、131、135、137、139、141、143、145、147、149、151、153、219
理化学研究所………………… 175
硫酸……………… 41、77、93、121
両性元素………………………… 68
ルビー…………………………… 57
ルミノーバ……………………… 141
錬金術………………… 59、167
ワッカー法…………… 101、219

英文字行

α崩壊
… 6、9、83、132、175、183、188、206、208
α粒子………… 177、179、193、198
α放射性……………………… 199
α放射体……………………… 193
β崩壊………………………… 6、9
IUPAC
　…… 123、204、205、207、219
JINR ………………… 202、219
YAGレーザー ……… 87、145、148

◆主な参考書籍◆

『元素大百科事典』(渡辺正監訳、朝倉書店、2007年)
『化学元素・発見のみち』(D.N.トリフォノフ／V.D.トリフォノフ著、阪上正信／日吉芳朗訳、内田老鶴圃、1994年)
『科学技術人名事典』(アイザック・アシモフ著、皆川義雄訳、共立出版、1971年)
『化学元素百科 - 化学元素の発見と由来』(岡田功編、オーム社、1991年)
『よくわかる最新元素の基本と仕組み』(山口潤一郎著、秀和システム、2007年)
『元素の百科事典』(John Emsley著、山崎昶訳、丸善、2003年)
『ゼロから学ぶ元素の世界』(宮村一夫著、講談社、2006年)
『化学便覧 基礎編』(日本化学会編、丸善、2004年)
『元素の小事典』(高木仁三郎著、岩波書店、1999年)
『図解雑学　元素』(富永裕久著、ナツメ社、2005年)

■表紙

陸原一樹	H、Pm、Au
充電	Cu
フヅキリコ	Pt

◆イラストレーター紹介◆

アザミユウコ	http://www.mariendistel.org/	C、Zr、Tm
あや	http://an-illusion.jp/	Ar、Ag、W
石井モモコ		Cl、Te
大槻満奈	http://houwasekai.konjiki.jp/	Ne、Rb、Sb、Bi
菓浜洋子	http://kahama.blog43.fc2.com/	V、Ni、Ce、Rn
キョウシン	http://sky.geocities.jp/kyousiun/	Be、As、Os
銀一	http://akacia.sakura.ne.jp/	Ac、Np、Cf、Lr、Hs
陸原一樹	http://www.leaffish.com/	H、Pm、Au
久保わこ	http://members3.jcom.home.ne.jp/anchuhiyaku.net/	P、Ge、Tl
紺野賢護	http://unitya.nobody.jp/	Ti、In、Re
充電	http://ju-denshiki.sakura.ne.jp/	S、Cu、Pd、Po
鈴眼依縫	http://kkk-sign.hp.infoseek.co.jp/	B、Se、Pr、Nd
大吉	http://maru-d.secret.jp/	N、Kr、Tb
龍川ナギ	http://nagi.mond.jp/	U、Bk、No、Bh、Rg
たはるコウスケ	http://wace.blog50.fc2.com/	Si、Tc、Hf
冬扇	http://www.geocities.jp/tousens/	Xe
戸橋ことみ	http://www.geocities.jp/tobashi_rj/	Cr、I
中山かつみ	http://www2.ttcn.ne.jp/~cynical-orange/	He、Zn、Eu
鍋島テツヒロ	http://lunadeluna.blog.shinobi.jp/	Li、Ga、Gd
西川淳	http://nisikawajun.mods.jp/	Fe、Br、Hg、Fr
猫生いづる	http://flyingcat.sakura.ne.jp/666/	Sc、La
希封天	http://nozomifuuten.web.fc2.com/	Yb、Lu
白夜ゆう	http://midoring.sakura.ne.jp/	Mn、Cs、Pb
フヅキリコ	http://riko.ciao.jp/	Al、Mo、Pt
マナカッコワライ	http://manaweb.net	Cm、Md、Sg
ヤナギユキ	http://xcolors.yukishigure.com	Co、Ba、At
八幡絢	http://1945.namaste.jp/	O、Ru、Sm、Ta
ゆつき	http://www.0-range.net/	K、Cd、Ir
よつ葉真澄	http://yotuba.main.jp/	Na、Sn、Ho、Th、Pu、Es、Rf、Mt
瑠璃石	http://www7b.biglobe.ne.jp/~ruri14/	Mg、Nb、Dy
NAOX	http://naox.cool.ne.jp/NAOX/	Pa、Am、Fm、Db、Ds
sango	http://53box.chu.jp	巻頭イラスト、F、Sr、Rh、Ra
spaike77		Ca、Y、Er、Uub、Uut、Uuq、Uup、Uuh、Uus、Uuo

●編著者紹介

スタジオ・ハードデラックス

雑誌、書籍、映像などのコンテンツ、著作物の企画と編集制作プロダクション。印刷物のほか、ウェブページやオンラインコンテンツの企画制作も行っている。

●監修者紹介

満田 深雪（みつだ みゆき）

1999年東京大学大学院医学研究科医学博士課程単位取得、2008年東京工業大学大学院社会理工学研究科経営工学課程修了（学術博士）。東芝電池株式会社、スズキ株式会社等で研究開発および新規事業担当を経て、現在、東京都市大学（旧・武蔵工業大学）、アポロ美容理容専門学校、麻布学園等にて後進指導の傍ら技術経営コンサルタント、科学リテラシー（科学理解とその活用）についての啓発・普及活動も書籍・インターネット等を通じ行っている。

元素周期 ELEMENT GIRLS
萌えて覚える化学の基本

2008年11月7日　第1版第1刷発行　　2008年12月15日　第1版第3刷発行

編・著・デザイン	スタジオ・ハードデラックス
監　修	満田深雪
発行者	江口克彦
発行所	PHP研究所
	東京本部　〒102-8331　千代田区三番町3番地10
	コミック出版部　☎03-3239-6256（編集）
	普及一部　　　　☎03-3239-6233（販売）
	京都本部　〒601-8411　京都市南区西九条北ノ内町11
	PHP INTERFACE　http://www.php.co.jp/
印刷所 製本所	共同印刷

©STUDIO HARD Deluxe 2008 Printed in Japan
落丁・乱丁本の場合は弊社制作管理部（☎03-3239-6226）へご連絡ください。
送料弊社負担にてお取り替えいたします。
ISBN　978-4-569-70278-0